Lewis Carroll
Geschichten mit Knoten

*Herausgegeben und übersetzt
von Walter E. Richartz
Mit Illustrationen von
Arthur B. Frost*
Insel Verlag

insel taschenbuch 302
Erstausgabe
Zweite Auflage, 11.–13. Tausend 1981
© Insel Verlag Frankfurt am Main 1978
Alle Rechte vorbehalten
Vertrieb durch den Suhrkamp Taschenbuch Verlag
Umschlag nach Entwürfen von Willy Fleckhaus
Typographie: Manfred Walch
Satz: LibroSatz, Kriftel/Ts.
Druck: Nomos Verlagsgesellschaft, Baden-Baden
Printed in Germany

INHALT

Erster Knoten
Excelsior 9

Zweiter Knoten
Wohnung zu vermieten 13

Dritter Knoten
Macke Mattik 21

Vierter Knoten
Die grobe Schätzung 26

Fünfter Knoten
Kringel und Kreuze 33

Sechster Knoten
Ihre Durchstrahlt 39

Siebter Knoten
Kleine Ausgaben 47

Achter Knoten
De omnibus rebus 55

Neunter Knoten
Eine Schlange mit Ecken 60

Zehnter Knoten
Chelsea Wecken 67

Anhang 77

Nachwort
Lewis Carrolls
Viktorianischer Denksport
von Walter E. Richartz 147

ERSTER KNOTEN
EXCELSIOR

»*Kobold, führ' sie auf und ab.*«

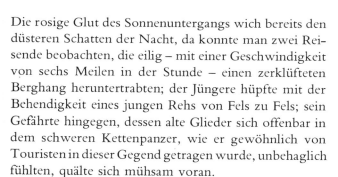

Die rosige Glut des Sonnenuntergangs wich bereits den düsteren Schatten der Nacht, da konnte man zwei Reisende beobachten, die eilig – mit einer Geschwindigkeit von sechs Meilen in der Stunde – einen zerklüfteten Berghang heruntertrabten; der Jüngere hüpfte mit der Behendigkeit eines jungen Rehs von Fels zu Fels; sein Gefährte hingegen, dessen alte Glieder sich offenbar in dem schweren Kettenpanzer, wie er gewöhnlich von Touristen in dieser Gegend getragen wurde, unbehaglich fühlten, quälte sich mühsam voran.

Wie es unter solchen Umständen stets der Fall ist, brach der junge Ritter als erster das Schweigen.

»Ein treffliches Tempo, möcht' ich meinen«, rief er aus. »So schnell waren wir beim Aufstieg nicht!«

»Trefflich, fürwahr«, wiederholte der andere stöhnend. »Vorhin stiegen wir nur drei Meilen in der Stunde.«

»Und auf dem flachen Land bewegen wir uns mit . . .?« wollte der Jüngere wissen; er war nämlich schwach im Rechnen und überließ solche Details immer seinem bejahrten Gefährten.

»Vier Meilen in der Stunde«, ergänzte der andere müde. »Nicht ein Lot mehr«, fügte er hinzu – mit jenem Hang

zur Metapher, der im Alter so verbreitet ist –, »und nicht einen Kreuzer weniger!«

»Drei Stunden war's nach dem vollen Mittag, als wir unsere Herberge verließen«, sagte der junge Mann gedankenvoll. »Wir werden kaum zur Abendbrotzeit zurück sein. Womöglich wird der Wirt uns jegliche Speise verweigern!«

»Er wird uns für unsere verspätete Rückkehr rügen«, war die ernsthafte Antwort, »doch wir wollen von diesem Rügen a-Braten.«

»Ein wack'rer Plan«, rief der andere mit heiterem Lachen. »Und falls wir dann noch einen Gang bei ihm bestellen, wird er uns gewiß einen Tort auftun.«

»Wir werden gerade noch unseren Nachtisch bekommen«, seufzte der ältere Ritter, der im Leben noch nie einen S-paß gesehen hatte, und die unpassende Leichtherzigkeit seines Gefährten etwas mißbilligte. »Es wird neun Uhr sein«, fügte er gedämpft hinzu, »bis wir unsere Herberge wieder erreichen. Wohl manche Meile werden wir dann heute zurückgelegt haben.«

»Wieviele? Wieviele?« rief der eifrige Jüngling, wissensdurstig wie immer.

Der alte Mann schwieg.

»Sag mir«, antwortete er nach einem Moment in Gedanken, »wieviel Uhr war es, als wir zusammen dort drüben auf dem Gipfel standen? – Es muß nicht auf die Minute genau sein!«, fügte er eilends hinzu, da er einen Protest im Gesicht des jungen Mannes las. »Meinetwegen kannst du mit deiner Schätzung eine halbe Stunde von der genauen Zeit abweichen, mehr fordr' ich nicht

von deiner Mutter Sohn! Danach will ich dir sagen – auf den Zentimeter genau –, welche Strecke wir von drei bis neun Uhr zurückgelegt haben werden.«
Ein tiefer Seufzer war die einzige Antwort des jungen Mannes; zugleich enthüllten seine verkrampften Züge und die tiefen Falten, die hintereinander her über seine männliche Stirn liefen, in welchen Abgrund mathematischer Seelenpein ihn eine beiläufige Frage gestürzt hatte.

ZWEITER KNOTEN
WOHNUNG ZU VERMIETEN

»Geradeaus den krummen Pfad
Und rundherum den Vierecksplatz.«

»Wir wollen Balbus fragen«, sagte Hugh.
»In Ordnung«, sagte Lambert.
»*Er* kanns erraten«, sagte Hugh.
»Ziemlich«, sagte Lambert.
Weiterer Worte bedurfte es nicht; die beiden Brüder verstanden einander vollkommen.
Balbus wartete im Hotel auf sie; er sagte, die Reise dorthin habe ihn ermüdet und so hatten sich seine beiden Schüler ohne ihren alten Lehrmeister und – von Kindheit auf – untrennbaren Gefährten am Ort umgesehen und nach Wohnungen gesucht. Sie hatten ihm seinen Namen nach einem Helden in ihrem lateinischen Übungsbuch gegeben; darin gab es mehr als reichlich Anekdoten über dieses vielseitige Genie – Anekdoten, die zwar im Detail recht vage, insgesamt aber um so glanzvoller und aufregender waren. Zu »Balbus hat alle seine Feinde überwunden«, hatte ihr Lehrer am Rand des Buches angemerkt: »Erfolgreiche Tapferkeit«. Auf diese Art hatte er jeder Anekdote über Balbus eine Moral abgewonnen – manchmal auch eine Warnung, zum Beispiel dort, wo es hieß »Balbus hatte einen gesunden Drachen ausgeliehen«, und er angemerkt hatte: »Voreiliges Herumraten«; manchmal war es auch eine Ermutigung, etwa mit den Worten

»Auswirkung der Sympathie bei gemeinsamer Tat«, die neben der Anekdote standen: »Balbus half seiner Stiefmutter den Drachen überreden«; manchmal schrumpfte die Moral auch zu einem einzigen Wort zusammen, etwa: »Lebensklugheit« – das war nämlich alles, was er dem folgenden rührenden Bericht abgewinnen konnte: »Balbus, den Schwanz des Drachens angesengt habend, ging fort.« Seine Schüler schätzten die kurzen Kommentare am meisten, weil ihnen dadurch mehr Platz für kleine Illustrationen am Rand blieb – und in diesem Fall brauchten sie so viel Platz wie möglich, um die Geschwindigkeit darzustellen, mit der ihr Held sich entfernte.

Ihr Bericht über die Situation war entmutigend. Zwar war das schicke Wohnquartier Little Mendip schon proppenvoll (wie die Jungen es ausdrückten) von oben bis unten. An einem kleinen viereckigen Platz jedoch hatten sie nicht weniger als vier Karten an vier verschiedenen Häusern angebracht gesehen, die alle in feurigen Buchstaben verkündeten »Wohnungen zu vermieten«.

»Also dann haben wir schließlich doch eine Menge Auswahl«, sagte Hugh, der das Wort führte, zum Schluß.

»Das geht aus den Angaben nicht hervor«, sagte Balbus, und erhob sich aus dem Lehnstuhl, in dem er über der »Little Mendip Gazette« ein kleines Nickerchen gemacht hatte. Es könnten ja alles Einzelzimmer sein. Immerhin, wir können sie ja mal ansehen. Ein bißchen Bewegung wird mir gut tun. Die Füße werde ich mir schon nicht ablaufen.«

Ein vorurteilsloser Beobachter hätte hier eingewandt, daß eine kleine Kürzung dieser langen, dünnen Gestalt nichts geschadet hätte, und daß sie mit kürzeren Beinen gewiß besser dran gewesen wäre; aber seinen anhänglichen Schülern kam dieser Gedanke nicht. Sie taten ihr bestes, jeder an einer Seite, es seinen Riesenschritten gleichzutun, während Hugh einen Satz aus dem Brief ihres Vaters wiederholte, den sie gerade aus dem Ausland erhalten hatten; er und Lambert hatten schon eine Weile daran herumgerätselt. »Er schreibt, daß einer seiner Freunde, der Gouverneur von – wie war auch noch der Name, Lambert? (»Kgovjni« sagte Lambert) – na schön, also der Gouverneur von – wie immer es heißt – will ein *sehr* kleines Essen geben, und er will den Schwager seines Vaters, den Schwiegervater seines Bruders, den Bruder seines Schwiegervaters und den Vater seines Schwagers einladen; und nun sollen wir raten, wie viele Gäste kommen werden.«

Eine ängstliche Pause trat ein. Schließlich fragte Balbus: »Und was schreibt er von der Größe des Puddings? – Nehmt den Kubik-Inhalt, teilt ihn durch die Zahl der Kubikzentimeter, die jeder der Eingeladenen essen kann, und der Quotient . . .«

»Er hat über Pudding nichts geschrieben«, sagte Hugh, und als sie um die Ecke bogen und die zu vermietenden Wohnungen in Sicht kamen: »Jetzt sind wir auf dem Platz.«

»Es ist ja ein *Quadrat!*« war Balbus' erster Entzückensschrei, als er sich umsah. »Wunderschön! Wun–derschön! Gleichseitig! *Und* rechtwinklig!«

Die Jungen blickten sich weniger begeistert um. »Die Nummer neun ist die erste Wohnung, vor der ein Schild hängt«, sagte der prosaischere Lambert; aber Balbus wollte aus seinem Schönheitstraum so schnell nicht aufwachen.

»Schaut nur!« rief er. »An jeder Seite zwanzig Türen! Welche Symmetrie! Jede Seite in einundzwanzig gleiche Teile geteilt! Es ist köstlich!«

»Soll ich klopfen oder klingeln!?« fragte Hugh, als er einigermaßen verwirrt die glockenförmige Messingplatte bemerkte, die die Inschrift »Klopfen« trug.

»Beides«, sagte Balbus. »Es ist eine Ellipse, mein Junge. Hast du schon einmal eine Ellipse gesehen?«

»Ich konnte es kaum lesen«, sagte Hugh ausweichend. Es hat wenig Sinn, wenn man eine Ellipse hat und sie nicht sauber hält.«

»Es gibt hier ein Zimmer, meine Herren«, sagte die Frau des Hauses lächelnd. »Und was das für ein hübsches Zimmer ist! Es ist ein so gemütliches kleines Hinterzimmer, wie Sie's nur . . .«

»Wir werden es anschauen«, sagte Balbus düster; dann gingen sie hinter ihr her in das Haus. »Ich wußte doch, wie es kommen wird! Nur *ein* Zimmer in jedem Haus! Vermutlich nicht mal eine Aussicht.«

»Freilich gibt's eine Aussicht, meine Herren«, beteuerte die Hausfrau ärgerlich, zog die Jalousie hoch und zeigte auf den rückwärtigen Garten.

»Also Kohlköpfe, wie ich sehe«, sagte Balbus. »Na, wenigstens sind sie grün.«

»Nämlich auf das Grünzeug in den Geschäften«, erklärte die Gastgeberin, »können Sie sich überhaupt nicht verlassen. Hier haben Sie's gleich am Ort, und zwar vom Besten!«

»Geht das Fenster auf?« Das war immer Balbus' erste Frage, wenn er eine Mietwohnung begutachtete, und »raucht der Kamin?« war die zweite. Nachdem er in beiden Punkten zufriedengestellt war, behielt er sich die Zusage, das Zimmer betreffend, vor; sie gingen gleich weiter zu Nummer fünfundzwanzig.

Dort war die Vermieterin ernst und streng. »Ich hab man bloß ein Zimmer über«, sagte sie zu ihnen. »Un das geht auf'n Hintergarten.«

»Aber gibts da Kohlköpfe?« wollte Balbus wissen.

Die Vermieterin war sichtlich erleichtert. »Ja, Herr, da sind welche«, sagte sie, »und zwar gute – obwohl ich mich nicht selbst loben will. Auf die Geschäfte ist ja kein Verlaß. Also pflanzen wir selbst an.«

»Ein einmaliger Vorteil«, sagte Balbus. Darauf, nach dem üblichen Fragen, gingen sie weiter zu Nummer zweiundfünfzig.

»Ich würde Sie ja gern alle aufnehmen, wenn ich könnte«, hieß es dort zum Empfang. »Aber wir sind alle sterblich« (»nicht relevant« murmelte Balbus), »und ich habe alle Zimmer außer einem vermietet.«

»– und zwar das Hinterzimmer, wie ich sehe«, sagte Balbus, »vermutlich mit Blick auf – Kohlköpfe?«

»O gewiß, mein Herr«, sagte die Zimmerwirtin. »Die anderen machen's vielleicht anders, aber wir pflanzen unsere eigenen. Nämlich in den Läden –«

»Eine ausgezeichnete Einrichtung!« unterbrach Balbus. »Dann kann man sich wirklich auf die Qualität verlassen. Geht das Fenster aufzumachen?«

Die üblichen Fragen wurden befriedigend beantwortet:

Aber diesmal fügte Hugh noch eine selbsterfundene Frage hinzu: »Kratzt diese Katze?«
Die Vermieterin schaute mißtrauisch um sich, als wollte sie sicher gehen, daß die Katze nicht zuhörte. »Ich will Ihnen nichts Falsches erzählen, meine Herren«, sagte sie. »Sie kratzt schon, aber nur, wenn Sie sie am Bart ziehen!«
»Sie tut es nie«, wiederholte sie langsam, mit sichtlicher Bemühung, sich des genauen Wortlautes einer schriftlichen Abmachung zwischen ihr und der Katze zu entsinnen, »wenn Sie sie nicht am Barte zupfen!«
»Bei einer Katze, die man so behandelt, ist manches entschuldbar«, sagte Balbus, während sie das Haus verließen und zur Nummer Dreiundsiebzig hinüber gingen; die Vermieterin ließen sie zurück, samt ihren Verbeugungen: Sie murmelte dabei immer noch ihre Abschiedsworte, wie eine Art von Segen:
»– wenn man sie nicht am Barte zupft!«
In Nummer dreiundsiebzig fanden sie nur ein scheues kleines Mädchen, das sie durchs Haus führte und alle Fragen mit »Jawohl gnä Frau« beantwortete.
»Das ist das übliche Zimmer«, sagte Balbus, als sie hineintraten: »Der übliche Hintergarten, die üblichen Kohlköpfe. Sicher bekommt man keine guten im Geschäft?«
»Jawohl gnä Frau«, sagte das Mädchen.
»Gut. Du kannst also deiner Herrin sagen, daß wir das Zimmer nehmen, und daß die Überlegung, ihren Kohl selbst zu pflanzen, einfach *wundervoll* ist!«
»Ja, gnä Frau«, sagte das Mädchen und brachte sie zur Tür.

»Ein Wohnzimmer und drei Schlafzimmer«, sagte Balbus, als sie ins Hotel zurückkehrten. »Als Wohnzimmer benutzen wir dasjenige, das wir auf dem kürzesten Fußweg erreichen können.«
»Müssen wir von einer Tür zur anderen gehen und die Schritte zählen?« fragte Lambert.
»Nein, nein! Denkt nach und kriegt es raus, Jungs!« rief Balbus frohgemut; er legte seinen unglücklichen Schülern Federn, Tinte und Papier hin und verließ das Zimmer.
»Na, da haben wir ja was zu tun!« sagte Hugh.
»Ziemlich!« sagte Lambert.

DRITTER KNOTEN
MACKE MATTIK

»Ich erwartete den Zug.«

»Nun, man nennt mich so, weil ich wohl wirklich eine kleine Macke habe«, sagte sie gutmütig auf Claras vorsichtige Frage, wie sie zu so einem merkwürdigen Spitznamen gekommen sei. »Siehst du, ich mache nie das, was man heutzutage von normalen Leuten erwartet. Ich ziehe nie lange Kleider an (Apropos »ziehen«: Ich muß dir gleich noch was über die D-Züge und den Charing Cross Bahnhof erzählen), ich spiele nie Tennis. Ich kann kein Omelette machen. Ich kann noch nicht einmal ein gebrochenes Glied schienen! Na bitte, da hast du einen schönen Nichtskönner und Nichtswisser!«

Clara war ihre Nichte und ganze zwanzig Jahre jünger; sie besuchte sogar die Oberschule – eine Einrichtung, von der Macke Mattik mit unverhohlener Abneigung sprach. »Eine Frau soll sanft und unterwürfig sein«, sagte sie immer. »Bleib mir weg mit deinen Oberschulen!« Aber es war grade Ferienzeit, und Clara war bei ihr zu Besuch; Macke Mattik zeigte ihr die Sehenswürdigkeiten dieses achten Weltwunders: der Metropole London.

»Da ist ja die Station Charing Cross«, begann sie wieder und machte eine Handbewegung zum Eingang hin, als wollte sie ihrer Nichte eine Freundin vorstellen. »Soeben hat man die Strecke Bayswater–Birmingham fertiggestellt, und die Züge fahren immer im Kreis herum, genau an der Grenze nach Wales entlang, streifen die Grafschaft York und dann so weiter herum und entlang der Ostküste nach London zurück. *Wie* diese Züge laufen, ist außerordentlich seltsam. Die westlichen Züge fahren in zwei Stunden den Kreis; die ostwärts fahrenden brauchen drei; aber immer schaffen sie es, pünktlich zu jeder Viertelstunde zwei entgegengesetzt fahrende Züge hier abfahren zu lassen.

»Sie trennen sich und treffen sich wieder«, sagte Clara, und bei diesem gefühlvollen Gedanken füllten sich ihre Augen mit Tränen.

»Brauchst deshalb nicht gleich zu weinen!« bemerkte die Tante streng. »Du weißt ja wohl: Auf demselben Gleis begegnen sie sich nicht. Aber da wir schon vom Begegnen sprechen, kommt mir eine Idee!« fügte sie hinzu und mit ihrer üblichen Sprunghaftigkeit wechselte sie das Thema. »Wir wollen einmal jeweils in entgegengesetzter Richtung herumfahren und sehen, welchem von uns die meisten Züge begegnen. Du kannst ruhig unbegleitet fahren – es gibt ein Damenabteil. Du kannst dir die Richtung aussuchen, und dann schließen wir eine Wette darauf ab.«

»Ich wette niemals«, sagte Clara mit tiefem Ernst, »unsere hochwürdige Direktorin hat uns oft gewarnt –«

»Es wird schon nicht gleich donnern und blitzen, wenn du mal wettest!« unterbrach Macke Mattik. »Jedenfalls würde daraus kein Un-Wetter.«

»Unsere hochwürdige Direktorin schätzt auch keine

Wortspiele«, sagte Clara. »Aber wir können ein Spiel spielen, wenn du willst. Laß mich meinen Zug aussuchen«, sagte sie weiter, nachdem sie im Geiste rasch gerechnet hatte, »und dann behaupte ich, daß ich genau eineinhalbmal soviele Züge treffe, wie du.«

»Nicht, wenn du ordentlich zählst«, unterbrach Macke Mattik scharf. »Vergiß nicht, wir wollen nur die Züge zählen, die wir *auf der Fahrt* treffen. Du darfst den nicht mitzählen, der abfährt, wenn du abfährst, und auch den nicht, der ankommt, wenn du ankommst.«

»Das ergibt nur eine Differenz von *einem* Zug«, sagte Clara, während sie sich umwandten und in die Station hineingingen. »Ich bin noch nie allein gefahren. Beim Aussteigen wird mir niemand helfen können. Aber es macht mir nichts aus. Also los mit dem Wettkampf: Ich will zählen, bis mir der Kopf raucht.«

Ein kleiner zerlumpter Junge hörte ihre letzten Worte und lief hinter ihr her. »Ach Fräulein, kaufen Sie doch eine Schachtel Zigarrenzünder!« bettelte er und zerrte an ihrem Shawl, um ihre Aufmerksamkeit zu erregen. Clara blieb stehen und klärte den Irrtum auf.

»Ich rauche nie Zigarren«, sagte sie im Tone sanfter Entschuldigung. »Unsere hochwürdige Direktorin –« doch Macke Mattik trieb sie ungeduldig zur Eile an. Der kleine Junge blieb zurück und blickte ihnen mit runden, erstaunten Augen nach.

Die beiden Damen kauften ihre Fahrkarten und begaben sich langsam auf den mittleren Bahnsteig; Macke Mattik schwatzte wie gewöhnlich, während Clara still blieb und noch einmal sorgfältig ihre Rechnung durchdachte,

auf der ihre Hoffnungen, den Wettkampf zu gewinnen, beruhten.
»Paß auf wo du gehst, Liebes!« rief ihre Tante und lenkte sie gerade noch rechtzeitig zur Seite. »Noch ein Schritt, und du wärst in diesen Bottich mit kaltem Wasser gefallen!«
»Weiß ich, weiß ich«, murmelte Clara verträumt; »so fällt man vom Dach unterm kalten Mond –«
»Die Passagiere wollen bitte die Schleuderbretter besteigen«, rief der Schaffner.
»Wozu sind denn die da?« flüsterte Clara erschrocken.
»Nur, um beim Einsteigen zu helfen«, sagte die ältere Dame mit der Gelassenheit eines Menschen, der an diesen Vorgang durchaus gewöhnt war. »Nur sehr wenige Menschen können ohne Hilfe in weniger als drei Sekunden in einen Wagen gelangen, und die Züge halten ja nur für eine Sekunde.« In diesem Augenblick hörte man das Pfeifen, und die beiden Züge fuhren geschwind in den Bahnhof ein. Einen Augenblick standen sie – dann waren sie schon wieder fort. Aber in dieser kurzen Zeitspanne waren mehrere hundert Passagiere hineinkatapultiert worden: Jeder flog mit der Treffsicherheit eines modernen Geschosses auf seinen Sitzplatz, und eine ebenso große Anzahl ging auf den Bahnsteigen nieder.
Drei Stunden waren vergangen, als die beiden Freundinnen sich auf dem Bahnsteig der Charing Cross Station wieder trafen und eifrig ihre Notizen verglichen. Darauf wandte sich Clara mit einem Seufzer ab. Für stürmische junge Herzen, wie für das ihre, ist die Enttäuschung

immer eine bittere Pille. Macke Mattik folgte ihr voll warmem Mitgefühl.

»Versuchs nochmal, meine Liebes!« sagte sie aufmunternd. »Wir wollen das Experiment ein bißchen verändern. Wir werden abfahren wie vorhin, aber wir fangen erst dann mit dem Zählen an, wenn wir einander begegnet sind. Wenn wir uns sehen, sagt jeder von uns »eins« und zählt dann weiter, bis wir wieder hier sind.

Claras Miene hellte sich auf. »Diesmal werde ich gewinnen!« rief sie eifrig aus, »wenn ich mir meinen Zug aussuchen kann!«

Wieder pfiffen die Lokomotiven, wieder der Schwung der Schleuderbretter, wieder eine menschliche Lawine, die in den Zügen niederging, nachdem sie wie Blitze hereingerast waren: Und schon waren die Reisenden wieder auf dem Weg.

Beide starrten eifrig aus ihrem jeweligen Fenster, in der Hand ein Taschentuch, um der Freundin zu winken. Ein Donnern und Rasen. In einem Tunnel begegneten sich die beiden Züge, und mit einem Seufzer lehnten sich die beiden Reisenden in ihre Sitzecken zurück – oder vielmehr mit *zwei* Seufzern. »Nr. Eins« murmelte Clara bei sich. »Erster«. Es ist ein Wort mit guter Vorbedeutung. Jedenfalls *diesmal* werde ich Siegerin sein!«

Aber wurde sie es?

VIERTER KNOTEN
DIE GROBE SCHÄTZUNG

» Von Geldsäcken träumte ich heute nacht «

Ein Mittag auf offener See, ein paar Grad um den Äquator herum – da rechnet man schon mit drückender Wärme. Unsere beiden Reisenden waren luftig in blendend weiße Leinenanzüge gekleidet; die Kettenpanzer, die sie neulich, in der kalten Bergluft, noch als erträglich, ja sogar als notwendigen Schutz gegen die Schwerter der Banditen betrachtet hatten, die das Hochland unsicher machten – sie hatten sie abgelegt. Ihre Ferienreise war vorbei, und sie befanden sich auf dem Weg nach Hause auf dem Paketschiff, das einmal im Monat zwischen den beiden großen Häfen der Insel verkehrte – jener Insel, wo sie ihre Forschungen betrieben hatten.

Mit ihrer Rüstung hatten die Reisenden auch jene altertümliche Redeweise abgelegt, in der sie sich in ihrem eisernen Kostüm gefallen hatten; sie waren nun zu der Sprechweise zurückgekehrt, in der sich Gentlemen vom Lande im zwanzigsten Jahrhundert gewöhnlich ausdrücken.

Sie lagen auf einem Stapel Kissen unter dem Schatten eines großen Schirms und beobachteten träge ein paar eingeborene Fischer, die am letzten Landeplatz an Bord gekommen waren, wobei jeder einen kleinen, aber schweren Sack auf seinen Schultern trug. Auf Deck

stand eine große Waage, die im letzten Hafen für die Fracht benutzt worden war; die Fischerleute umstanden sie im Kreis und schienen, mit viel unverständlichem Geschnatter, ihre Säcke zu wiegen.
»Hört sich mehr wie Spatzen auf einem Baum an, kaum wie menschliches Reden, nicht wahr?« sagte der ältere Tourist zu seinem Sohn, der nur schwach lächelte, denn er scheute die Anstrengung des Sprechens. Der alte Mann versuchte es mit einem anderen Zuhörer.
»Was haben die denn in ihren Säcken, Kapitän?« erkundigte er sich, als jenes höhere Wesen bei seinem nie endenden Auf- und Abmarsch auf Deck an ihnen vorbeikam.
Der Kapitän unterbrach seinen Marsch und stand baumlang über den Reisenden – groß, würdig, und voll heiterer Selbstgewißheit.
»Fischer«, erklärte er. »Fahren oft als Passagiere auf meinem Schiff. Diese fünf sind von Mhruxi – dem Ort, wo wir zuletzt anlegten; und auf diese Art befördern sie ihr Geld. Das Geld dieser Insel wiegt schwer, meine Herren, aber es ist wenig wert; Sie haben es wohl schon erraten. Wir kaufen es von ihnen nach Gewicht – etwa fünf Schilling für ein Pfund. Ich glaube, daß man mit einer Zehn-Pfund-Note all diese Säcke kaufen könnte.«
Inzwischen hatte der alte Mann seine Augen geschlossen – ohne Zweifel, um seine Gedanken auf diese interessanten Tatsachen zu konzentrieren; der Kapitän vermutete jedoch irrigerweise einen anderen Grund, und nahm, mit einem Knurren, seinen eintönigen Marsch wieder auf.
Inzwischen fingen die Fischersleute an, einen solchen

Lärm an der Waage zu vollführen, daß einer der Matrosen vorsichtshalber alle Gewichte wegtrug, so daß sie sich jetzt nur noch mit allerlei Aushilfen in Gestalt von Winden-Kurbeln, Beschlagnägeln und was sonst zu finden war, vergnügen konnten. Dadurch kam ihre Aufregung zu einem raschen Ende; sie verbargen ihre Säcke vorsichtshalber in den Falten des Vorsegels, das auf Deck in der Nähe der Reisenden lag, und schlenderten fort.
Als der schwere Schritt des Kapitäns das nächste Mal vorüberkam, erhob sich der jüngere Mann und redete ihn an.
»Wie nannten Sie auch noch den Ort, Kapitän, wo diese Burschen her sind?« fragte er.
»Mhruxi, mein Herr.«
»Und wie heißt das, wo wir hinfahren?«
Der Kapitän nahm einen langen Atem-Anlauf, stürzte sich in das Wort hinein und kam auch recht ordentlich wieder heraus. »Sie nennen es Kgovjni, mein Herr.«
»K – ich geb's auf!« sagte der junge Mann resignierend. Er streckte seine Hand nach einem Glas Eiswasser aus, das ein mitfühlender Steward kurz zuvor gebracht hatte; unglücklicherweise hatte er es gerade außerhalb des Schattens des Schirmes gestellt, es war brühwarm, und er entschloss sich, es nicht zu trinken. Die Anstrengung, diesen Entschluß zu fassen – fast so ermüdend, wie die Unterhaltung, die er gerade hinter sich hatte – war mehr als er ertragen konnte; wortlos sank er in die Kissen zurück.
Sein Vater bemühte sich höflich, dieses nachlässige Benehmen durch ein besseres auszugleichen.

»Wo befinden wir uns so ungefähr, Kapitän?« fragte er. »Haben Sie eine Vorstellung?«
Der Kapitän warf einen mitleidsvollen Blick auf die unwissende Landratte. »Das könnte ich Ihnen, mein Herr«, sagte er im Ton hochmütiger Herablassung, »auf den Zentimeter genau sagen.«
»Tatsächlich!« bemerkte der alte Mann in einem Ton träger Überraschung.
»Allerdings«, beharrte der Kapitän. »Was denken Sie wohl, was mit meinem Schiff geschähe, wenn wir meine Länge und Breite abhanden kämen! – Haben Sie denn etwas mit meiner Schätzung anfangen können?«
»Daraus wird sicher niemand schlau«, erwiderte der andere mit fester Überzeugung.
Aber damit hatte er übertrieben.
»Es ist doch *vollkommen* klar«, sagte der Kapitän in beleidigtem Ton, »klar für jeden, der was davon versteht.« Mit diesen Worten entfernte er sich und begann, seinen Leuten Befehle zu geben, während sie die Anstalten trafen, das Beiboot auszufieren.
Unsere Reisenden beobachteten diesen Vorgang mit solchem Interesse, daß keiner von ihnen mehr an die fünf Geldsäcke dachte, die im nächsten Moment, als ein Windstoß über das Beiboot fegte, über Bord geweht wurden und schwer ins Meer plumpsten.
Die armen Fischersleute jedoch hatten ihr Eigentum nicht so schnell vergessen. Blitzschnell waren sie dorthin gerannt und nun standen sie da, stießen Wutschreie aus und zeigten erst auf das Meer und dann auf die Seeleute, die das Unheil verursacht hatten.

Der ältere Mann erklärte dem Kapitän, was passiert war. »Vielleicht können wir es wieder gutmachen«, fügte er zum Schluß hinzu. »Haben Sie nicht vorhin gesagt, mit zehn Pfund sei das alles bezahlt?«
Der Kapitän jedoch wischte den Vorschlag mit einer Handbewegung weg.
»O nein, mein Herr!« sagte der in seiner allergroßartigsten Manier.« Sie werden mir gewiß verzeihen, aber dies sind *meine* Passagiere. Der Vorfall ereignete sich an Bord *meines* Schifffes und als Folge *meines* Befehls. Also muß *ich* die Entschädigung leisten. »Er wandte sich den zornigen Fischern zu. »Kommt her, Leute«, sagte er in Mhruxischem Dialekt. »Gebt mir die Gewichte von jedem Sack an. Ich habe doch gerade vorhin gesehen, wie ihr sie gewogen habt.«
Darauf folgte ein babylonisches Geschnatter; die fünf Eingeborenen demonstrierten, alle zugleich schreiend, wie die Seeleute die Gewichte weggeschleppt, und wie sie sich mit dem beholfen hatten, was gerade zur Hand war.
Nunmehr wurden zwei Belegstifte, drei Seilböcke, sechs Scheuersteine, vier Kurbeln und ein großer Hammer sorgfältig gewogen. Der Kapitän überwachte den Vorgang und notierte die Ergebnisse. Aber auch damit schien die Angelegenheit nicht geregelt werden zu können. Es entspann sich eine wütende Debatte, an der sich die fünf Eingeborenen und alle Seeleute beteiligten. Schließlich wandte sich der Kapitän an unsere Reisenden; sein Gesicht verriet ein Unbehagen, wenn er es auch unter einem Lachen zu verbergen suchte.

»Eine absurde Schwierigkeit«, sagte er. »Vielleicht könnte einer von Ihnen, meine Herren, einen Vorschlag zur Abhilfe machen. Offenbar haben sie jeweils zwei Säcke auf einmal gewogen.

»Wenn sie nicht fünf Mal gewogen haben«, war die rasche Folgerung des Jüngeren, »dann kann man ihren jeweiligen Wert nicht mehr feststellen.«

»Erstmal wollen wir alles darüber hören«, bemerkte der alte Mann vorsichtig.

»Sie haben wirklich fünfmal gewogen«, sagte der Kapitän, »aber – also da bin ich von den Socken!« – fügte er in einem plötzlichen Ausbruch von Natürlichkeit hinzu – »die Ergebnisse sind die folgenden. Der erste und der zweite Sack wogen zwölf Pfund; der zweite und dritte dreizehneinhalb; der dritte und vierte elfeinhalb; der vierte und fünfte acht Pfund; und dann stellten sie fest, daß sie nur noch den großen Hammer als Gewicht übrig hatten, und sie mußten *drei* Säcke nehmen, um sein Gewicht aufzuwiegen; es waren der erste, dritte und fünfte Sack, und die wogen zusammen sechzehn Pfund. Bitte, meine Herren! Haben Sie so etwas schon mal gehört?«

Der alte Mann murmelte halblaut: »Wenn nur meine Schwester hier wäre!« und blickte hilflos auf seinen Sohn. Der Sohn blickte auf die fünf Eingeborenen. Die Eingeborenen blickten auf den Kapitän. Der Kapitän blickte auf niemanden: Seine Augen waren gesenkt; er schien leise zu sich selbst zu sagen: »Betrachtet euch nur gegenseitig, meine Herren, wenn ihr Vergnügen daran habt. *Ich* betrachte mich selbst!«

FÜNFTER KNOTEN
KRINGEL UND KREUZE

»*Schau her, auf dieses Bild, und auf dieses.*«

»Und was brachte dich darauf, den ersten Zug auszusuchen, mein Hühnchen?« sagte Macke Mattik, als sie sich in die Droschke setzten. »Konntest du nicht besser zählen?« »Ich nahm einen Grenzfall«, war unter Tränen die Antwort.
»Unsere hochwürdige Vorsteherin sagt immer: ›Im Zweifel, meine Lieben, wählt einen Grenzfall.‹ Und ich war wirklich im Zweifel!«
»Funktioniert das denn immer?« fragte ihre Tante.
Clara seufzte. »Immer nicht«, gab sie widerwillig zu. »Und ich kann nicht rauskriegen, wieso. Eines Tages sagte sie zu den kleinen Mädchen – weißt du, die machen beim Tee immer so großen Lärm – ›Je mehr Lärm ihr macht, desto weniger gibts Marmelade, und *vice versa*.‹ Und ich dachte, sie wüßten wohl nicht, was ›vice versa‹ bedeutete, also erklärte ich es ihnen. Ich sagte: ›Wenn ihr unendlich viel Lärm macht, dann kriegt ihr keine Marmelade: und wenn ihr gar keinen Lärm macht, dann kriegt ihr unendlich viel Marmelade‹. Aber unsere hochwürdige Vorsteherin sagte, das wäre kein gutes Beispiel. *Warum* war es das nicht?« fügte sie flehentlich hinzu.
Ihre Tante wich der Frage aus. »Man sieht schon gewisse Einwände dagegen«, sagte sie. »Aber wie bist du denn

bei den S-Bahnzügen vorgegangen? Keiner von ihnen ist, glaube ich, unendlich schnell gefahren.«

»Ich nannte sie Hasen und Schildkröten«, sagte Clara – ein bißchen schüchtern, denn sie fürchtete, ausgelacht zu werden. »Und ich dachte, es könnten nicht so viele Hasen wie Schildkröten auf der Strecke sein: Also nahm ich einen Grenzfall an, nämlich einen Hasen und eine unendliche Zahl von Schildkröten.«

»Das allerdings ist ein Grenzfall«, stellte ihre Tante mit bewundernswerter Würde fest: »*und* eine äußerst gefährliche Sachlage obendrein!«

»Und ich dachte, wenn ich mit einer Schildkröte führe, so gäbe es dann nur *einen* Hasen, dem man begegnete; wenn ich aber mit dem Hasen führe – also dann wären es dagegen *Massen* von Schildkröten!«

»Es war keine schlechte Idee«, sagte die ältere Dame, als sie die Droschke vor dem Eingang zum Burlington House verließen. »Heute wirst du nochmal eine Chance bekommen. Wir wollen ein Wettspiel machen, in dem Bilder zu bezeichnen sind.«

Claras Gesicht hellte sich auf. »Sehr gern würde ich es nochmal versuchen«, sagte sie. »Ich werde mir diesmal mehr Mühe geben. Wie soll das Spiel gehen?«

Auf diese Frage gab Macke Mattik keine Antwort: Sie war damit beschäftigt, an den Rändern des Katalogs Linien herunterzuziehen. »Schau mal«, sagte sie nach einer Minute, »ich habe neben die Namen der Bilder in dem langen Saal drei Kolonnen eingezeichnet, und du trägst bitte Kringel und Kreuze ein – Kreuze für gute Noten und Kringel für schlechte.«

»Meinst du *nur* zwei Kreuze?« fragte Clara, »oder kann ich die Bilder mit drei Kreuzen zu den Zwei-Kreuz-Bildern hinzuzählen?«

»Aber natürlich kannst du das«, sagte ihre Tante. »Von jedem, der drei Augen hat, kann man wohl auch sagen, daß er *zwei* Augen hat, nicht?«

Clara folgte den träumerischen Blicken ihrer Tante durch die gut besuchte Galerie, und fürchtete schon fast, sie würde dabei eine dreiäugige Person gewahren.

»Und du mußt neun oder zehn Bildern *ein* Kreuz geben.«

»Und wer gewinnt das Spiel?« fragte Clara, während sie diese Regeln sorgfältig auf eine leere Seite in ihrem Katalog notierte.

»Derjenige, der die wenigsten Bilder ankreuzt.«

»Aber wenn wir nun die gleiche Anzahl ankreuzen?«

»Dann der, welcher die meisten Zeichen dran macht.«

Clara überlegte. »Ich glaube nicht, daß es da irgendeine Schwierigkeit gibt. Ich werde neun Bilder ankreuzen, und zwar werde ich drei davon dreimal ankreuzen, zwei weitere zweimal, und den übrigen werde ich je ein Kreuz geben.«

»Ach wirklich?« sagte ihre Tante. »Warte nur, mein ungestümes Kind, bis du alle Regeln gehört hast. Du mußt einem oder zwei Bildern drei Kringel geben, und zwei Kringel an drei oder vier, und einen Kringel jeweils an acht oder neun Bilder vergeben. Ich will nicht zu hart mit den Herren Akademiemalern umgehen.«

Clara seufzte ziemlich, als sie alle diese neuen Regeln hinschrieb. »Das ist ja noch schlimmer als Dezimalzahlen

in Brüche zu verwandeln«, sagte sie. »Aber trotzdem, ich bin fest entschlossen zu gewinnen!«
Ihre Tante lächelte grimmig. »Wir können hier anfangen«, sagte sie, während sie vor einem riesengroßen Bild anhielten; nach den Angaben im Katalog war es das »Porträt des Leutnants Brown, auf seinem Lieblings-Elefanten reitend«.
»Er sieht furchtbar eingebildet aus!« sagte Clara. »Ich glaube nicht, daß er der Lieblingsleutnant des Elefanten war. Was ist das nur für ein fürchterliches Bild! Und wieviel Platz es einnimmt – Platz für zwanzig Bilder!
»Paß auf, was du sagst, mein Liebes!« unterbrach ihre Tante. »Es ist von einem Akademiemitglied!«
Aber Clara war recht unnachsichtig. »Ist mir doch egal, von wem es ist!« rief sie aus. »Ich werde ihm drei schlechte Zeichen geben.«
Die Tante und die Nichte gerieten in der Menge bald auseinander, und in der nächsten halben Stunde arbeitete Clara schwer; sie machte ihre Zeichen und radierte sie wieder aus, während sie hin und herlief, um nach den passenden Bildern Ausschau zu halten. Das fand sie dabei am schwierigsten. »Ich finde einfach nicht, was ich brauche!« rief sie schließlich aus und weinte fast vor Verdruß.
»Was willst du denn finden, mein Liebes?« Die Stimme war Clara unbekannt, aber sie war so sanft und süß, daß sie sich, noch bevor sie sie gesehen hatte, zu ihrer Besitzerin hingezogen fühlte. Als sie sich umdrehte, begegnete sie den lächelnden Blicken zweier alter Damen, deren runde, mit Grübchen verzierte Gesichter sich völ-

lig gleich sahen. Es waren Gesichter, die offenbar nie Sorgen gekannt hatten. Wie sie Tante Macke nachher gestand, hätte sie sie am liebsten beide umarmt.

»Ich suche nach einem Bild«, sagte Clara, »das ein gutes Motiv hat, und gut im Aufbau ist aber schlecht in den Farben.«

Die kleinen alten Damen schauten einander beunruhigt an. »Beruhige dich doch, mein Liebes«, sagte die, welche zuerst gesprochen hatte«, und versuche dich zu erinnern, welches Bild es war. Worin bestand denn das Motiv?«

»War es vielleicht ein Elefant?« schlug die andere Schwester vor. Noch immer waren sie in Sichtweite des Leutnants Brown.

»Ich weiß wirklich nicht!« entgegnete Clara heftig. »Verstehen Sie, es ist mir vollkommen gleichgültig, was für ein Motiv es ist, wenn es nur gut ist!«

Wieder wechselten die beiden Schwestern beunruhigte Blicke, und die eine flüsterte der anderen etwas zu; Clara verstand davon nur das Wort »Macke«.

»Sie meinen natürlich Tante Macke«, sagte sie zu sich – in ihrer Unschuld stellte sie sich vor, London sei wie ihre Heimatstadt, wo jeder jeden kannte. »Wenn Sie meine Tante meinen«, setzte sie laut hinzu, »sie ist dort drüben – nur drei Bilder weiter von Leutnant Brown.«

»Recht so! Dann solltest du lieber zu ihr gehen, mein Liebes«, sagte ihre neue Freundin beruhigend. »Sie wird das Bild schon finden, das du brauchst. Wiedersehen, mein Liebes!«

»Wiedersehen, mein Liebes!« kam als Echo von der anderen Schwester, »und paß auf, daß du deine Tante nicht aus den Augen verlierst!« Dann wanderten die beiden los, in einen anderen Saal, und ließen Clara recht verwundert über ihr Verhalten zurück.

»Sie sind ja wirklich reizend«, sagte sie zu sich. »Ich möchte bloß wissen, warum sie mich so bemitleiden!« Dann schlenderte sie weiter und nurmelte »Ich brauche noch zwei gute Zeichen, und _ _ _ _«

SECHSTER KNOTEN
IHRE DURCHSTRAHLT

> »Zu mir gehört ein Stückchen Sach
> Wenns da nicht is ich nix kann mach
> Du reden und nix wissen tus
> Bambuus.

Sie gingen an Land und wurden augenblicklich zum Palast geleitet. Auf halbem Weg trafen sie den Gouverneur, der sie in englischer Sprache willkommen hieß – eine große Erleichterung für unsere Reisenden, deren Führer nur Kgovjnianisch sprach.

»Sieh mal die Leute am Weg«, flüsterte der alte Mann seinem Sohn zu. »Mir gefällt noch nicht mal die Hälfte von ihrem Grinsen. Und warum sagen sie so oft ›Bambus‹?«

»Das hängt mit einer lokalen Sitte zusammen«, antwortete der Gouverneur, der die Frage mit angehört hatte. »Personen, die ihrer Durchstrahlt zufällig in irgendeiner Weise mißfallen, werden gewöhnlich mit Stöcken geschlagen.«

Der alte Mann erschauerte. »Eine stark zu mißbilligende lokale Sitte!« bemerkte er mit starker Betonung. »Ich wünschte, wir wären hier nie an Land gegangen! Hast du gesehen, Norman, wie dieser schwarze Kerl sein großes Maul aufgerissen hat? Ich glaube wahrhaftig, daß er uns nur zu gerne fressen würde!«

Norman wandte sich an den Gouverneur, der an seiner anderen Seite ging. »Werden hervorragende Fremde hier

öfter verspeist?«; er sagte das mit einem so gleichgültigen Ton, wie es ihm nur möglich war.
»Oft nicht – nein, nie!« war die willkommene Antwort. »Sie eignen sich nicht dazu. Wir essen hier Schweine, weil sie fett sind. Aber dieser alte Mann ist mager.«
»Wie ich dafür dankbar bin!« brummte der ältere Reisende. »Geschlagen werden wir zweifellos. Da ist es schon ein Trost, daß wir nicht verschlungen werden! Lieber Junge, schau dir bloß die Pfauen an!«
Soeben schritten sie zwischen zwei ununterbrochenen Reihen dieser prächtigen Vögel einher, von denen jeder mittels eines Goldhalsbandes und einer Kette von einem Sklaven gehalten wurde; der Sklave stand jeweils ein gutes Stück dahinter, damit der Anblick des glänzenden Schwanzes mit seinem Gewebe von raschelnden Federn und seinen hundert Augen nicht beeinträchtigt würde. Der Gouverneur lächelte stolz. »Zu Ihren Ehren«, sagte er, »hat Ihre Durchstrahlt zehntausend zusätzliche Pfauen hierherbefohlen. Ohne Zweifel wird sie Sie, vor Ihrem Abschied, wie üblich mit Stern und Federn auszeichnen.«
»Es wird wohl ein ›Steern‹ ohne ›S‹ sein!« sagte einer der Zuhörer beklommen.
»Aber aber!« sagte der andere. »Nun laß mal den Mut nicht sinken. Für mich ist es trotz allem eine Lust!«
»Du bist jung, Norman«, seufzte der Vater. »Jung und leichtherzig. Mir wird es schwer – für mich wird es eine Lust mit ›a‹!«
»Der Alte ist traurig«, bemerkte der Gouverneur mit

einiger Furchtsamkeit. »Ohne Zweifel hat er ein furchtbares Verbrechen begangen!«
»Aber nein! Überhaupt nicht!« rief der alte Herr eilig aus. »Sag ihm, daß ich das nicht getan habe, Norman!«
»Er hat nichts getan – bis jetzt«, erklärte Norman voll Sanftmut. Und der Gouverneur wiederholte mit befriedigtem Ton:
»Bis jetzt nicht.«
»Euer Land ist ein Wunderland!« fuhr der Gouverneur nach einer Weile fort. »Hier habe ich den Brief eines meiner Freunde, der Kaufmann in London ist. Er und sein Bruder sind vor einem Jahr dorthin gefahren, und jeder hatte tausend Pfund bei sich; und am nächsten Neujahrstag besaßen sie beide zusammen sechzigtausend!«
»Wie haben sie denn das geschafft?« rief Norman begierig aus. Selbst der ältere Reisende machte einen erregten Eindruck. Der Gouverneur reichte ihm den geöffneten Brief. »Das kann jeder schaffen, wenn er nur weiß, wie«, hieß es in dem pythischen Dokument. »Wir haben nichts geborgt, wir haben nichts gestohlen. Wir traten in das Jahr ein und hatten jeder nur tausend Pfund. Und am Neujahrstag gab es *unter uns* sechzigtausend Pfund zu verteilen – sechzig tausend goldene Scheidemünzen!«
Norman sah ernst und gedankenvoll aus, als er den Brief zurückgab. Sein Vater wagte eine Vermutung: »Vielleicht haben Sie es im Spiel gewonnen?«
»Ein Kgovjnier spielt niemals«, sagte der Gouverneur streng, während er sie durch das Tor des Palastes führte. Sie folgten ihm schweigend durch einen langen Gang

und befanden sich bald in einem hohen Saal, der vollständig mit Pfauenfedern behängt war. In der Mitte ein Berg aus rosa Kissen: Sie verbargen fast die Gestalt ihrer Durchstrahlt. Sie war eine dickliche kleine Madam in einem Kleid aus grünem Satin, das mit silbernen Sternen übersät war. Ihr blasses rundes Gesicht leuchtete einen Augenblick auf, als die Reisenden sich vor ihr verbeugten; dann nahm es wieder den Ausdruck einer Wachspuppe an, während sie einige träge Worte in Kgovjni-Dialekt murmelte.

Der Gouverneur übersetzte. »Ihre Durchstrahlt heißt Sie willkommen. Sie nimmt die undurchdringliche Gelassenheit des Älteren von Ihnen wahr, sowie die undurchschaubare Aufgeschlossenheit des Jüngeren.« Hierbei klatschte die kleine Fürstlichkeit in die Hände, worauf ein Trüppchen Sklaven erschien, die Servierbretter mit Kaffee und Süßigkeiten trugen; davon boten sie den Gästen an, die sich auf einen Wink des Gouverneurs auf dem Teppich niedergelassen hatten.

»Kandierte Pflaumen!« brummte der alte Mann. »Als ob wir hier beim Konditor wären! Frag doch mal nach 'ner Schokoladenstange, Norman!«

»Nicht so laut!« flüsterte sein Sohn. »Sag doch mal etwas Lobendes!« Denn der Gouverneur erwartete offensichtlich, daß sie eine Rede hielten.

»Wir danken Ihrer Ausbündigen Mächtigkeit«, fing der alte Mann schüchtern an. »Wir erwärmen uns am Licht ihres Lächelns, welches –«

»Die Worte alter Männer sind schwach«, unterbrach der Gouverneur voll Ärger. »Die Jugend soll sprechen!«

»Erklären Sie Ihr«, rief Norman, in einem wilden Anfall von Redegewandtheit, »daß wir, durch die Gegenwart Ihrer sternbesäten Heftigkeit, wie zwei Heuschrecken in einem Vulkan zusammengeschrumpelt sind.«

»So ist es recht«, sagte der Gouverneur und übersetzte ins Kgovjnische. »Ich habe Ihnen nun mitzuteilen«, fuhr er fort, »was Ihre Durchstrahlt vor Ihrer Abreise von Ihnen fordert. Der jährliche Wettbewerb um den Posten des kaiserlichen Shawlmachers ist gerade beendet; Sie sollen die Preisrichter sein. Sie werden die Geschwindigkeit der Arbeit beurteilen, die Leichtigkeit der Shawls und wie warm sie machen. Gewöhnlich unterscheiden sich die Konkurrenten nur in einem Punkt. So haben letztes Jahr Fifi und Gogo dieselbe Anzahl von Shawls in der Versuchswoche angefertigt, und alle waren gleich leicht; jedoch die von Fifi hergestellten machten doppelt so warm als die von Gogo, und sie wurde also doppelt so gut bewertet. Dieses Jahr jedoch, was für ein Unglück, wer sollte hier urteilen können? Es gibt drei Bewerber, und sie unterscheiden sich in allen Punkten! Während Sie ihre Ansprüche gegeneinander abwägen, so hat Ihre Durchstrahlt mir zu erklären geboten, sollen Sie kostenfrei im allerbesten Verließ untergebracht, und reichlich mit bestem Brot und Wasser ernährt werden.«

Der alte Mann stöhnte. »Alles verloren!« rief er heftig aus. Aber Norman beachtete ihn nicht: Er hatte sein Notizbuch gezogen und schrieb sich ruhig die Einzelheiten auf.

»Es handelt sich um drei«, fuhr der Gouverneur fort. »Lolo, Mimi, und Zuzu. Lolo macht fünf Shawls, während Mimi zwei macht; Zuzu jedoch macht vier, während Lolo drei macht! Aber Zuzus Handarbeit ist so feenhaft, daß fünf ihrer Shawls nicht mehr als ein Shawl von Lolo wiegen; und doch sind die von Mimi noch leichter – fünf von ihren Shawls wiegen soviel wie drei von Zuzu! Was nun die Wärme angeht, so ist einer von Mimis so gut wie vier von Zuzu; jedoch einer von Lolo hält so warm wie drei von Mimi.«

Hierbei klatschte die kleine Dame wieder in die Hände.

»Dies ist unser Zeichen: Wir sind entlassen!« sagte der Gouverneur eilig. »Wollen Sie Ihrer Durchstrahlt ihre Abschiedsverbeugung machen – und dann rückwärts hinausgehen.«

Das Gehen war noch die einzige dieser Forderungen, denen der ältere Reisende nachkommen konnte. Norman sagte einfach »Sagen Sie bitte Ihrer Durchstrahlt, daß wir vom Schauspiel Ihres Heiteren Glanzes verklärt sind, und Ihrer Kondenzmilchigkeit ein aufgelöstes Lebewohl entbieten!«

»Ihre Durchstrahlt ist erfreut«, berichtete der Gouverneur, nachdem er dieses gebührend übersetzt hatte. »Sie wirft Ihnen aus ihren kaiserlichen Augen einen Blick zu und ist zuversichtlich, daß Sie ihn auffangen werden!«

»Das werden wir, dafür bürge ich«, seufzte der ältere Reisende geistesabwesend.

Noch einmal machten sie eine tiefe Verbeugung, dann folgten sie dem Gouverneur die Wendeltreppe hinab zum kaiserlichen Keller, den sie mit farbigem Marmor ausgekleidet fanden, von der Decke her erleuchtet, und prächtig, wenn auch nicht bequem, mit einer Bank aus poliertem Malachit möbliert. »Ich bin gewiß, Sie werden sich nicht zu viel Zeit bei ihren Rechnungen nehmen«, sagte der Gouverneur, während er sie mit großer Feierlichkeit hineinführte. »Ich habe schon große Mißhelligkeiten gesehen – große und ernstliche Mißhelligkeiten – die jenen zustießen, die sich bei der Ausführung der Befehle Ihrer Durchstrahlt zu viel Zeit genommen haben! Und diesmal ist sie besonders fest entschlossen. Sie sagt, die Sache muß erledigt werden, und sie wird erledigt. Auch hat sie weitere zehntausend Bambussklaven hierherbefohlen!« Mit diesen Worten verließ er sie, und sie hörten, wie er Schloß und Riegel von außen zumachte.

»Ich habe dir doch gesagt, wie es ausgehen wird!« stöhnte der ältere Reisende und rang die Hände. In seiner Verzweiflung vergaß er völlig, daß er selbst diese Reise vorgeschlagen, und niemals irgendetwas von dieser Art prophezeit hatte. »O, hätten wir dieses elende Geschäft schon hinter uns!«

»Nur Mut!« rief der Jüngere voll Munterkeit. »Haec olim meminis se juvabit. Morgen wird das Ende sein.«

»Morgen mit ›D‹ statt mit ›G‹« – das war alles, was der arme alte Mann dazu sagen konnte, während er sich kummervoll auf seiner Malachitbank hin und herwiegte. »Morgen mit D.«

SIEBTER KNOTEN
KLEINE AUSGABEN

»*Schlecht ist der Sklav, der blecht.*«

»Tante Macke?«
»Mein Kind?«
»Könntest du es sofort hinschreiben? Ich werde es sicherlich vergessen, wenn du's nicht machst.«
»Mein Liebes, wir müssen schon warten bis die Droschke anhält. Ich kann doch bei dieser Schaukelei unmöglich irgendetwas hinschreiben.«
»Aber ich werde es wirklich vergessen!«
Claras Stimme nahm den flehentlichen Ton an, dem ihre Tante einfach nicht widerstehen konnte, und seufzend holte die alte Dame ihre Elfenbeintäfelchen hervor und machte sich daran, die Summe festzuhalten, die Clara eben in dem Süßwarengeschäft ausgegeben hatte. Diese Summen kamen immer aus dem Portemonnaie ihrer Tante, aber das arme Mädchen wußte aus bitterer Erfahrung, daß Macke Mattik früher oder später eine genaue Abrechnung über jeden Penny verlangen würde, der ausgegeben worden war, und so wartete sie mit kaum verhohlener Ungeduld, während die alte Dame alle Täfelchen durchgeblättert hatte, bis sie das mit der Überschrift »Kleine Ausgaben« gefunden hatte.
»Hier haben wir es«, sagte sie schließlich, »und hier haben wir auch das Mittagessen von gestern eingetragen,

wie sichs gehört. »Ein Glas Limonade« (Warum kannst du nicht Wasser trinken wie ich?), drei belegte Brote (nie tun sie auch nur die Hälfte des nötigen Senfs drauf! Ich habe es der jungen Frau noch gesagt, direkt ins Gesicht; und sie schüttelte den Kopf – diese Unverschämtheit!) und sieben Biskuits. Zusammen Ein Schilling zwei Pence. So, und jetzt das von heute?«

»Ein Glas Limonade –« so fing Clara an, als plötzlich die Droschke hielt, und ein höflicher Eisenbahn-Dienstmann das verwirrte Mädchen heraushob, bevor es Zeit hatte, seinen Satz zu Ende zu sprechen.

Ihre Tante steckte sogleich die Notizbücher ein. »Zuerst das Geschäft«, sagte sie: »Die Kleinen Ausgaben – also eine Art von Vergnügen – was Sie auch denken mögen – kommen danach.« Und sie ging daran, den Kutscher zu bezahlen und umfängliche Anordnungen bezüglich des Gepäcks zu geben, durchaus taub gegen die Versuche ihrer unglücklichen Nichte, sie möchte doch den Rest der Essensrechnung eintragen. »Mein Liebes, du mußt dir wirklich einen geräumigeren Verstand anschaffen und pflegen!« – das war der einzige Trost, den sie dem armen Mädchen gewährte. »Sind denn die Notizbücher deines Gedächtnisses nicht groß genug, um die Aufstellung eines einzigen Essens aufzunehmen?«

»Nicht groß genug! Nicht mal zur Hälfte groß genug!« war die heftige Antwort.

Die Worte kamen genau zupaß, aber es war nicht Claras Stimme, und die beiden Damen wandten sich etwas überrascht um, um zu sehen, wer sich so plötzlich in ihre Unterhaltung gemischt hatte. Ein dicke kleine alte Dame stand an einer Droschkentür, und half dem Kutscher, jemandem herauszuhelfen, der wie der genaue Doppelgänger ihrer selbst wirkte: Es wäre keine leichte Aufgabe gewesen festzustellen, wer dicker war, oder welche der bieden Schwestern gemütlicher aussah.

»Ich sage Ihnen doch, die Droschkentür ist nicht mal zur Hälfte groß genug!« wiederholte sie, während ihre Schwester schließlich herauskam, – etwa wie eine Pille aus einer Schrotflinte; dabei wandte sie sich zustimmungsheischend an Clara. »Stimmt es nicht, Liebes?« sagte sie, und versuchte mühsam, ein Gesicht voller freundlicher Grübchen in strenge Falten zu legen.

»Manche Leute sind zu dick für die Türen«, knurrte der Droschkenkutscher.

»Reizen Sie mich nicht, Mensch!« rief die kleine alte Dame in – wie sie glaubte – stürmischem Zorn. »Noch ein Wort, und ich bringe sie vor das Kreisgericht und verklage Sie auf ein ›Habeas Corpus‹.« Der Kutscher legte die Hand an den Hut und zog grinsend ab.

»Es geht doch nichts über eine Portion Paragraphen, um solche Rauhbeine zahm zu machen, mein Schatz!« sagte sie vertraulich zu Clara. »Hast du gesehen, wie er zurückschreckte, als ich das ›Habeas Corpus‹ erwähnte? Nicht, daß ich irgendeine Ahnung habe, was das bedeutet, aber es klingt recht gut, nicht wahr?«

»Es ist sehr aufreizend«, antwortete Clara ein bißchen unsicher.

»Sehr!« wiederholte die kleine alte Dame eifrig.« Wir sind wirklich sehr aufgereizt, nicht wahr, Schwester?«

»Noch nie in meinem Leben war ich dermaßen aufgereizt!« bestätigte die dickere Schwester mit strahlendem Lächeln.

Inzwischen hatte Clara ihre Bekanntschaften von der Bilder-Galerie wieder erkannt, und sie zog ihre Tante beiseite um ihr eilig zuzuflüstern, was ihr eingefallen war. »Ich habe sie zuerst in der Königlichen Akademie getroffen – und sie waren sehr freundlich zu mir; – sie haben gleich am Nachbartisch von uns gegessen, und sie halfen mir das Bild zu finden, das ich suchte; es sind gewiß sehr liebe alte Menschen!«

»Also, sie sind Freunde von dir?« sagte Macke Mattik. »Sie sehen nett aus. Du kannst dich mal ein bißchen um sie kümmern, während ich die Fahrkarten besorge. Aber versuche doch mal, deine Einfälle ein bißchen mehr in zeitlicher Reihenfolge zu ordnen!«

So geschah es, daß die vier Damen nebeneinander auf einer Bank zu sitzen kamen und auf den Zug warteten; sie plauderten, als wären sie schon seit Jahren bekannt.

»Also, das nenne ich wirklich einen bemerkenswerten Zufall!« rief die kleinere und gesprächigere der beiden Schwestern – diejenige, durch deren Gesetzeskenntnis der Droschkenkutscher zu Boden geschmettert worden war. »Nicht nur, daß wir alle auf denselben Zug warten, und auf derselben Station – das wäre ja schon merkwürdig genug – aber außerdem noch an demselben Tag und zur selben Tagesstunde! Das beeindruckt mich so außerordentlich!« Sie warf einen Blick auf die dickere und stillere Schwester, deren Hauptrolle im Leben darin zu bestehen schien, die Meinung der Familie zu bekräftigen; sie echote mit sanfter Stimme

»Mich auch, Schwester!«
»Das sind aber keine unabhängigen Zufälle –« wollte Macke Mattik gerade anfangen, als Clara sich einen Zwischenruf erlaubte.
»Hier schaukelt es nicht«, sagte sie in bittendem Ton.
»Macht es dir was aus, es jetzt zu notieren?«
Die Elfenbein-Notizbücher kamen wieder hervor.
»Also, was war es?« fragte die Tante.
»Ein Glas Limonade, ein belegtes Brot, ein Biskuit – ach du meine Güte!« rief die arme Clara, und plötzlich wich der Berichtston einem wilden Klagelaut.
»Zahnweh?« fragte die Tante ruhig, während sie die Posten aufschrieb. Augenblicklich öffneten die beiden Schwestern ihre Handtäschchen und holten zwei verschiedene Arzneien gegen Schmerzen hervor – jede mit der Aufschrift »unvergleichlich«.
»Das ist es nicht!« sagte die arme Clara. »Vielen Dank. Es ist eben nur, daß ich nicht behalten habe, wieviel ich bezahlt habe!«
»Na schön, dann versuche es doch mal herauszukriegen«, sagte ihre Tante. »Du hast doch das Essen von gestern als Eselsbrücke, nicht wahr. Und das ist das Mittagessen, was wir am Tag davor hatten – am ersten Tag, an dem wir in dieses Lokal gingen –: ein Glas Limonade, vier belegte Brote, zehn Biskuits. Alles zusammen, ein Schilling fünf Pence.« Sie zeigte Clara die Notizzettel; als diese sie anstarrte, waren ihre Augen so tränentrüb, daß sie zuerst gar nicht bemerkte, daß sie sie ungekehrt hielt.
Die beiden Schwestern hatten dem allen mit tiefer An-

teilnahme zugehört, und an diesem Punkt des Gesprächs legte die eine ihre Hand sanft auf Claras Arm.
»Weißt du, mein Liebes, sagte sie aufmunternd »meine Schwester und ich stecken in der selben Schwierigkeit! Es ist ganz genau die selbe Schwierigkeit – stimmt es nicht, Schwester?«
»Ganz genau dieselbe und absolut identische –« fing die dickere Schwester an, aber sie wollte einen Satz zustandebringen, der einfach etwas zu umfänglich war, und die kleine Schwester konnte das Ende nicht abwarten.
»Jawohl, mein Liebes«, fing sie wieder an; wir aßen in dem selben Lokal zu Mittag wie Ihr beide – und wir hatten zwei Glas Limonade und drei belegte Brote und fünf Biskuits und keiner von uns hat auch nur die mindeste Ahnung, wieviel wir bezahlt haben. Stimmts nicht, Schwester?«
»Absolut genau so und vollkommen identisch –« murmelte die andere, offenbar in der Überlegung, daß sie inzwischen um einen ganzen Satz im Rückstand war, und erst mal eine Aufgabe erledigen sollte, bevor sie sich neue Pflichten auflud; aber wieder fuhr ihr die kleine Dame dazwischen und sie schied als Bankrotteur aus der Unterhaltung aus.
»Könntest *du* es für uns herausfinden, mein Liebes?« bat die kleine alte Dame.
»Ich nehme doch an, daß du ein klein bißchen rechnen kannst?« sagte ihre Tante mit ein wenig Besorgnis, während Clara sich einmal mit dem einen, dann mit dem anderen Notizbuch beschäftigte und vergeblich versuchte, ihre Gedanken zusammenzunehmen. Ihr Geist

war leer, und aus ihrem Gesicht schwand bald jeglicher menschliche Ausdruck.
Darauf folgte düsteres Schweigen.

ACHTER KNOTEN
DE OMNIBUS REBUS

*»Dies kleine Schweinchen ging zum Markt
Dies kleine Schweinchen blieb zu Haus.«*

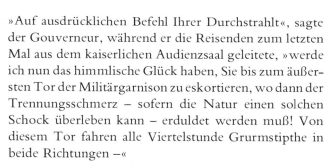

»Auf ausdrücklichen Befehl Ihrer Durchstrahlt«, sagte der Gouverneur, während er die Reisenden zum letzten Mal aus dem kaiserlichen Audienzsaal geleitete, »werde ich nun das himmlische Glück haben, Sie bis zum äußersten Tor der Militärgarnison zu eskortieren, wo dann der Trennungsschmerz – sofern die Natur einen solchen Schock überleben kann – erduldet werden muß! Von diesem Tor fahren alle Viertelstunde Grurmstipthe in beide Richtungen –«
»Könnten Sie dieses Wort freundlicherweise wiederholen?«, sagte Norman, »Grurm–?«
»Grurmstipthe«, wiederholte der Gouverneur. »In England nennt man sie Omnibusse. Sie fahren in beide Richtungen, und Sie können mit einem von ihnen ganz hinunter zum Hafen gelangen.«
Der alte Mann stieß einen tiefen Seufzer der Erleichterung aus; vier Stunden der höfischen Zeremonie hatten ihn ermüdet, und er hatte unaufhörlich unter der Furcht gelitten, irgendetwas könnte geschehen, was die zehntausend zusätzlichen Bambusmänner in Aktion treten ließe.
In der nächsten Minute überquerten sie einen großen, quadratischen, marmorgepflasterten Platz, der an jeder

Ecke sehr geschmackvoll mit einem Schweinekoben dekoriert war. In alle Richtungen gingen Soldaten, die Ferkel trugen, und in der Mitte stand ein riesenhafter Offizier und gab Befehle mit einer Donnerstimme, die das ganze Schweinegequieke überdröhnte.

»Es ist der Oberbefehlshaber!« flüsterte der Gouverneur seinen Begleitern eilig zu; sie folgten sogleich seinem Beispiel und verbeugten sich vor dem großen Mann. Der Kommandant erwiderte die Verbeugung würdevoll. Er war von Kopf bis Fuß mit Goldlametta bedeckt. Auf seinem Gesicht lag ein Ausdruck des tiefsten Elends, und unter jedem Arm hatte er ein kleines Ferkel. Obgleich er alle Augenblicke seinen Leuten Befehle erteilte, tat dieser ritterliche Mensch sein Bestes, den abreisenden Gästen einen höflichen Abschiedsgruß zu entbieten.

»Fahr wohl denn, alter Mann – tragt diese drei vor zur Südecke – und fahr wohl auch du, oh Jüngling – das fette da soll in den westlichen Stall, auf die anderen drauf – mögen Eure Schatten niemals abnehmen – oh wehe mir! es ist wieder falsch! Macht alle Koben leer und fangt von vorne an!« – und der alte Soldat stützte sich auf seinen Degen und wischte sich eine Träne weg.

»Er ist in hoher Not«, erklärte der Gouverneur, als sie den Platz verließen. »Ihre Durchstrahlt hat ihm befohlen, vierundzwanzig Ferkel derart in die vier Koben zu setzen, daß Sie, wenn Sie auf dem Platz die Runde macht, in jedem Koben eine Anzahl findet, die der Zehn näher ist als in dem vorigen Koben.«

»Ist für sie die Zehn näher an der Zehn als die Neun?« fragte Norman.

»Gewiß«, sagte der Gouverneur. »Ihre Durchstrahlt würde zugeben, daß Zehn näher an der Zehn ist, als neun, und daß sie auch näher an die Elf ist.«
»Dann glaube ich schon, daß es zu machen ist«, sagte Norman.
Der Gouverneur schüttelte seinen Kopf. »Der Kommandeur hat sie jetzt schon vier Monate lang vergeblich hin und her transportiert«, sagte er. »Was kann es da noch für eine Hoffnung geben? Und Ihre Durchstrahlt hat bis zu zehntausend weitere . . .«
»Den Ferkeln scheint es nicht zu gefallen, daß sie so hin- und hergetragen werden«, fiel der alte Mann hastig ein. Er schätzte das Thema »Bambusträger« nicht.
»Wissen Sie, sie sind nur provisorisch hierher beordert«, sagte der Gouverneur. »In den meisten Fällen werden sie sofort wieder zurückgebracht: sie brauchen sich also nicht darum zu kümmern. Und dies alles wird mit der größten Sorgfalt ausgeführt, und unter persönlicher Überwachung durch den Oberbefehlshaber.«
»Natürlich würde sie die Runde nur *einmal* machen!« sagte Norman.
»Leider – nein!« seufzte ihr Begleiter. »Immer herum. Immer herum. Das sind die eigenen Worte Ihrer Durchstrahlt. Jedoch: O großes Leid! Hier ist das äußere Tor, und wir müssen uns nun trennen!« Er schluchzte, als er ihnen die Hände schüttelte; im nächsten Augenblick entfernte er sich in kräftiger Gangart.
»Er hätte unsere Abfahrt ja auch noch abwarten können!« sagte der alte Mann kummervoll.
»Und er hätte nicht unbedingt im gleichen Augenblick,

als er uns verließ, zu pfeifen anfangen müssen!« sagte der Jüngere streng. »Aber da, schau mal genau hin – da sind zwei von diesen Wie-heißen-sie-noch gerade im Begriff abzufahren!«
Unglücklicherweise war der Bus, der zur Küste fahren sollte, voll.
»Macht nichts!« sagte Norman munter. »Wir werden eben zu Fuß gehen, bis der nächste uns einholt.«
Sie waren beide tief in Gedanken bei dem militärischen Ferkelproblem und zogen schweigend ihres Weges, bis ihnen ein Omnibus, der von der Küste kam, begegnete. Der ältere Reisende zog seine Uhr heraus. »Genau zwölf einhalb Minuten, seit wir losgingen«, bemerkte er geistesabwesend. Plötzlich erhellte sich sein gedankenverlorenes Gesicht; der alte Mann hatte eine Idee. »Mein Junge!« rief er, und legte seine Hand so plötzlich auf Normans Schulter, daß dessen Schwerpunkt für einen Augenblick außerhalb der Standfläche geriet.
In dieser Weise überrascht, stolperte der junge Mann vorwärts und schien in den Raum zu stürzen; doch einen Moment später hatte er sich, nicht ohne Eleganz, wieder gefangen. »Kleine Schwierigkeiten mit Prezession und Nutation«, bemerkte er in einem Ton, in welchem der Ärger nur notdürftig von kindlicher Ehrfurcht überdeckt wurde. »Was ist denn?« setzte er eilig hinzu, denn er fürchtete schon, der Vater könnte erkrankt sein. »Möchtest du etwas Cognac?«
»Wann wird der nächste Omnibus uns überholen? Wann, sage wann!« rief der alte Mann, wobei er jede Sekunde erregter wurde.

Norman blickte düster. »Laß mir Zeit«, sagte er, »ich muß darüber nachdenken.« Und wieder zogen die Reisenden schweigend weiter – und ihr Schweigen wurde nur von dem entfernten Quieken der unglücklichen kleinen Ferkel unterbrochen, die noch immer versuchsweise unter persönlicher Überwachung durch den Oberbefehlshaber von einem Stall zum anderen transportiert wurden.

NEUNTER KNOTEN
EINE SCHLANGE MIT ECKEN

»*Wasser, Wasser ringsumher*
Und auch kein Tropfen Naß.«

»Ich tue noch einen Kiesel dazu.«
»Was machst du nur mit diesen Eimern?«
Die da redeten waren Hugh und Lambert. Der Ort: der Strand von Little Mendip. Die Zeit: 1 Uhr 30 mittags. Hugh ließ einen Eimer in einem anderen größeren Eimer schwimmen und versuchte, wieviele Steine der Eimer aufnehmen konnte, ohne zu sinken. Lambert lag auf dem Rücken und tat nichts.
Während der nächsten paar Minuten war Hugh ruhig, offenbar tief in Gedanken. Plötzlich sprang er auf. »Sieh dir das an, Lambert!« rief er.
»Wenn es lebendig ist, schleimig ist und Beine hat, bin ich nicht interessiert«, sagte Lambert.
»Hat Balbus nicht heute morgen gesagt, daß ein Körper, der in eine Flüssigkeit eintaucht, ebensoviel Flüssigkeit verdrängt, wie seiner eigenen Masse entspricht?« fragte Hugh.
»So was ähnliches hat er gesagt«, erwiderte Lambert undeutlich.
»Also, dann schau doch mal eine Minute hierher. Hier haben wir diesen kleinen Eimer, der fast vollständig eintaucht: Also sollte das verdrängte Wasser so ziemlich dieselbe Menge haben. Und jetzt sieh dir das an!« Er

nahm den kleinen Eimer, während er sprach, heraus, und gab Lambert den großen. »Hörmal, das ist doch kaum so viel wie in eine Teetasse geht! Willst du sagen, daß *dies* Wasser die selbe Menge ist, wie der kleine Eimer?«
»Natürlich«, sagte Lambert.
»Nun bitte, schau doch mal her!« rief Hugh triumphierend und goß das Wasser aus dem großen Eimer in den kleinen. »Er wird nicht einmal halb voll!«
»Das ist *seine* Sache«, sagte Hugh. »Wenn Balbus sagt, es sei dieselbe Menge, na, dann *ist* es auch dieselbe Menge, verstehst du.«
»Also, ich glaub' es nicht.« sagte Hugh.
»Du mußt ja nicht glauben«, sagte Lambert, »außerdem ist jetzt Essenszeit. Komm mit.«
Sie trafen Balbus, der mit dem Essen auf sie wartete, und Hugh unterbreitete ihm sofort sein Problem.
»Erst sehen wir mal, daß du was auf dem Teller hast«, sagte Balbus, indem er munter an einem Gelenk herumsäbelte. »Du kennst ja das alte Sprichwort: Erst der Hammel, dann die Mechanik.«
Die Jungen kannten das Sprichwort keineswegs, doch akzeptierten sie es in gutem Glauben, wie jede Mitteilung, so überraschend sie auch sein mochte, die von einer so unfehlbaren Autorität wie ihrem Mentor kam. Sie aßen gleichmäßig und schweigend, und als das Essen vorüber war, breitete Hugh das übliche Arrangement von Federhaltern, Tinte und Papier aus, während Balbus ihnen noch einmal die Aufgabe wiederholte, die er als ihre Aufgabe für den Nachmittag vorbereitet hatte.

»Einer meiner Freunde hat einen Blumengarten – einen sehr hübschen, obgleich gar nicht sehr groß –«
»Wie groß ist er?« fragte Hugh.
»Das sollt Ihr herausfinden!« antwortete Balbus voller Heiterkeit. »Ich sage euch nur, daß er von länglicher Gestalt ist, nur einen Yard länger als breit und daß ein Kiesweg von einem Yard Breite an einer Ecke anfängt und ganz herumführt.«
»Läuft das Ende in den Anfang?« sagte Hugh.
»Nein, das tut es nicht, junger Mann. Eben bevor es auf den Anfang stößt, macht der Weg eine Biegung und geht noch einmal rings um den Garten herum – an der ersten Wegstrecke entlang; dann biegt er sich immer weiter einwärts, wobei jeder Abschnitt an den vorigen angrenzt, bis schließlich die ganze Fläche aufgebraucht ist«
»Wie eine Schlange mit Ecken?« fragte Lambert.
»Genau so. Und wenn du die ganze Strecke des Weges entlanggehst und dich in der Mitte des Weges hältst, ist er genau zwei und eine sechzehntel Meile lang. Also – während ihr jetzt die Länge und die Breite des Gartens rauskriegt, will ich mal zusehen, ob ich das Seewasser-Rätsel auflösen kann.«
»Hast du gesagt, es sei ein Blumengarten?« fragte Hugh, als Balbus den Raum verlassen wollte.
»Ja«, sagte Balbus.
»Wo wachsen denn die Blumen?« sagte Hugh. Aber Balbus fand es am besten, die Frage zu überhören. Er überließ die Jungen ihrem Problem, und machte sich, in der Stille seines eigenen Zimmers daran, Hughs mechanisches Paradoxon aufzulösen.

»Um es anschaulich zu machen«, murmelte er zu sich, während er, die Hände tief in den Hosentaschen vergraben, im Zimmer auf und ab ging, »nehmen wir ein zylindrisches Glasgefäß, an dem seitlich eine Skala in Zoll angebracht ist; dieses füllen wir bis zu der Zehn-Zoll-Marke: Und jetzt nehmen wir an, daß jeder Zoll des Gefäßes einen Liter Wasser enthält. Nun nehmen wir einen massiven Zylinder, und zwar so, daß jeder Zoll davon einem Volumen von einem *halben* Liter Wasser entspricht, und diesen tauchen wir vier Zoll tief in das Wasser, so daß das Ende des Zylinders an der Sechs-Zoll-Marke ist. Also, dadurch werden zwei Liter Wasser verdrängt. Was wird aus ihnen? Na, wenn da kein Zylinder wäre, dann würden sie einfach obendrauf liegen, und das Gefäß bis zu der Zwölf-Zoll-Marke füllen. Aber dummerweise *ist* da noch der Zylinder, und nimmt den halben Raum zwischen der Zehn- und Zwölf-Zoll-Marke ein, so daß dort nur noch *ein* Liter Wasser Platz hat. Was wird aus dem zweiten Liter? Nun, wenn hier kein Zylinder mehr wäre, dann würde der Liter eben hier oben drauf sein, und das Gefäß bis zu der Dreizehn-Zoll-Marke voll machen. Aber dummerweise – O, Schatten des Newton!« rief er plötzlich in einer Anwandlung von Schrecken: »Wann hört das Wasser denn auf zu steigen?«

Da kam ihm ein schlauer Einfall. »Ich werde einen kleinen Essay darüber schreiben«, sagte er.

BALBUS' ESSAY

»Wenn ein fester Stoff in eine Flüssigkeit getaucht wird, so verdrängt er – das ist wohlbekannt – eine Menge Flüssigkeit, die seiner eigenen Menge entspricht; bekannt ist auch, daß die Flüssigkeitsoberfläche genau so steigt als hätte man eine Flüssigkeitsmenge vom Volumen des festen Körpers hinzugefügt. Lardner sagt, daß genau derselbe Vorgang stattfindet, wenn der Festkörper *teilweise* eingetaucht wird: In diesem Fall ist die Flüssigkeitsmenge, die verdrängt wird, dem Anteil des Festkörpers entsprechend, welcher eintaucht, und der Anstieg der Oberfläche erfolgt in diesem Verhältnis.

Nehmen wir an, ein fester Körper wird über die Oberfläche einer Flüssigkeit gehalten und zum Teil eingetaucht: Ein Teil der Flüssigkeit wird verdrängt, und die Oberfläche der Flüssigkeit steigt. Jedoch, durch dieses Ansteigen der Oberfläche, wird natürlich etwas mehr von dem Festkörper eingetaucht, und es gibt eine weitere Verdrängung eines zweiten Teils der Flüssigkeit und einen dementsprechenden Anstieg der Oberfläche. Es ist offensichtlich, daß dieser Vorgang weitergeht, bis der Festkörper ganz eintaucht, und daß die Flüssigkeit dann auch alles andere überfluten wird, was an dem Festkörper dran ist, was ja, da es damit verknüpft ist, jedenfalls zeitweise als ein Teil von ihm betrachtet werden muß. Wenn du einen sechs Fuß langen Stock hältst und sein Ende in eine Kanne voll Wasser steckst und dann lange genug wartest, so mußt schließlich auch du untergetaucht sein. Die Frage nach der Quelle, aus der das

Wasser gespeist wird – die zu einer höheren Abteilung der Mathematik gehört und daher jenseits unseres derzeitigen Bereichs ist – hat für das Meer keine Gültigkeit. Nehmen wir also den bekannten Fall eines Mannes, der am Rande des Meeres steht, und bei Ebbe, einen Festkörper in der Hand hält, den er zum Teil eintaucht: Sofern er da hartnäckig und unbeweglich stehen bleibt, wird er, wie wir alle wissen, am Ende ertrinken. Die vielen Menschen, die täglich auf diese Weise zugrundegehen, als Zeugen einer philosophischen Wahrheit, und deren Körper die unvernünftigen Wellen gleichgültig an unsere undankbaren Küsten werfen, haben mehr Recht, Märtyrer der Wissenschaft genannt zu werden als ein Galileo oder ein Kepler. Um Kossuths beredtes Wort zu verwenden: Sie sind die namenlosen Halbgötter des Neunzehnten Jahrhunderts.«*

»Irgendwo ist da ein Fehler drin«, murmelte er schläfrig, während er seine Beine auf dem Sofa ausstreckte. »Ich muß noch einmal darüber nachdenken.« Er schloß seine Augen, um sich noch vollkommener zu konzentrieren, und während der nächsten Stunde etwa bezeugte sein langsamer und regelmäßiger Atem, wie sorgsam er diesen neuen und verwirrenden Aspekt seines Problems untersuchte.

---

* Anmerkung des Autors: den obigen Essay verdanke ich einem lieben Freund, der inzwischen verstorben ist.

ZEHNTER KNOTEN

CHELSEA WECKEN

»Jaa Wecken, und Wecken, und Wecken!«
Altes Lied

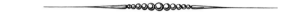

»Wie tief tief traurig!« rief Clara aus, und die Augen des zarten Mädchens füllten sich dabei mit Tränen.
»Traurig – aber sehr sonderbar, wenn man einen arithmetischen Blick darauf wirft«, war die weniger romantische Antwort ihrer Tante. »Einige haben einen Arm im Dienst für ihr Land verloren, einige ein Bein, einige ein Ohr, einige ein Auge . . .«
». . . und einige vielleicht *alles!*« murmelte Clara träumerisch, während sie beide an den langen Reihen verwitterter Helden entlang wanderten, die sich in der Sonne wärmten. »Hast du den ganz alten mit dem roten Gesicht gesehen, der mit seinem Holzbein eine Karte in den Staub zeichnete, während die anderen zuschauten? Ich glaube, es war die Skizze einer Schlacht . . .«
»Zweifellos der Schlacht von Trafalgar«, unterbrach die Tante lebhaft –
»die wohl kaum, glaube ich«, wagte Clara zu sagen; »dann wäre er wohl kaum noch am Leben . . .«
»Kaum noch am Leben!« wiederholte die alte Dame abschätzig« »Der ist so lebendig, wie wir beide zusammen! Wenn das Zeichnen einer Karte im Staub mithilfe des eigenen Holzbeins nicht beweist, daß einer noch lebt, dann erkläre mir doch gefälligst, was *dann* ein Beweis wäre!«

Clara sah nicht, wie sie da herauskommen sollte. Logik war noch nie ihre Stärke gewesen.

»Kehren wir zur Arithmetik zurück«, fing Macke Mattik wieder an – die exzentrische alte Dame ließ nie eine Gelegenheit vorübergehen, ihre Nichte zu einer neuen Rechnerei zu drängen.

»Wieviel Prozent müssen denn nach deiner Meinung alle vier verloren haben – ein Bein, einen Arm, ein Auge und ein Ohr?«

»Wie kann ich das sagen?« stöhnte das erschrockene Mädchen. Sie wußte schon, was ihr bevorstand.

»Ohne Zahlen kannst du es natürlich nicht«, antwortete ihre Tante, »aber ich werde dir jetzt – «

»Geben Sie ihr einen Chelsea Wecken, Fräulein! Das mögen die jungen Damen am liebsten!« – Die Stimme sang sonor; der Sprecher schlug eifrig das schneeweiße Tuch zurück, das seinen Korb bedeckte und enthüllte ein verführerisches Arrangement der bekannten viereckigen Gebäckstücke, die nebeneinander in Reihen lagen – gut mit Ei bestrichen und glänzend braun im Sonnenlicht.

»Nein, mein Herr! Ich werde ihr nichts derart Unverdauliches geben! Fort mit Ihnen!« Die alte Dame machte eine drohende Bewegung mit ihrem Parasol; doch konnte offenbar nichts die gute Laune des fröhlichen alten Mannes verderben, der weiterwanderte und dabei seinen melodischen Kehrreim sang;

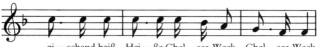

zi — schend heiß Hei — ße Chel — sea Weck Chel — sea Weck

»Viel zu unverdaulich, mein Liebling!« sagte die alte Dame. »Und umso besser wirst du mit den Prozentrechnungen fertig werden.«

Clara seufzte, in ihrem Auge lag ein hungriger Blick, während sie den Korb in der Ferne immer kleiner werden sah. Doch lauschte sie sanftmütig der unverdrossenen alten Dame, die nun anfing, ihre Zahlen an den Fingern herzuzählen.

»Nehmen wir an, daß 70% ein Auge verloren haben – 75% ein Ohr – 80% einen Arm und 85% ein Bein – damit wird es prächtig gehen. Also, mein Liebes, welcher Prozentsatz muß es dann *mindestens* sein, der alle vier Dinge eingebüßt hat?«

Es fand keine weitere Unterhaltung statt – es sei denn, man rechnete einen halb erstickten Ausruf »zischend heiß« dazu, der von Claras Lippen kam, als der Korb hinter einer Ecke unsichtbar wurde; schweigend erreichten sie das stattliche Chelseaer Haus, in dem Claras Vater mit seinen drei Söhnen und ihrem alten Lehrer damals lebte.

Balbus, Lambert und Hugh hatten das Haus nur wenige Minuten vor ihnen betreten. Sie hatten einen Spaziergang gemacht, und Hugh hatte ein Problem vorgetragen, über welchem Lambert in düsteres Schweigen versunken war; sogar Balbus war davon irritiert.

»Nicht wahr, es ist doch Mitternacht, wenn aus dem

Mittwoch ein Donnerstag wird?« hatte Hugh angefangen.
»Manchmal«, sagte Balbus vorsichtig.
»Immer«, sagte Lambert mit Entschiedenheit.
»*Manchmal*«, beharrte Balbus milde. »An sechs Mitternächten von sieben wechselt der Tag seinen Namen.«
»Natürlich meinte ich«, verbesserte sich Hugh,« *wenn* aus dem Mittwoch der Donnerstag wird, dann um Mitternacht – und *nur* um Mitternacht.«
»Gewiß«, sagte Balbus. Lambert schwieg.
»Nun nehmen wir einmal an, hier in Chelsea sei es Mitternacht. Dann ist es *westlich* von Chelsea (sagen wir in Irland oder Amerika), wo die Mitternacht noch nicht angekommen ist, Mittwoch, und es ist Donnerstag *östlich* von Chelsea (sagen wir in Deutschland oder Rußland), wo die Mitternacht grade durchgezogen ist.«
»Gewiß«, sagte Balbus wieder. Diesmal nickte auch Lambert.
»Aber sonst ist es *nirgendwo* Mitternacht; es kann also auch nirgendwo anders aus einem Tag der andere Tag werden. Und trotzdem: Wenn Irland und Amerika und so weiter es Mittwoch nennen, und Deutschland, Rußland und so weiter nennen es Donnerstag, dann muß es doch irgendeinen Ort geben – nicht Chelsea – der beiderseits zwei verschiedene Tage hat, die dort angrenzen. Und das Schlimmste ist, daß die Leute *dort* ihre Tage in der falschen Richtung angeordnet haben: Sie haben dann den Mittwoch östlich von sich, und den Donnerstag westlich von sich: Es ist, als ob sich ihr Tag vom Donnerstag in den Mittwoch verwandelt hätte!«

»Das Rätsel habe ich schon früher gehört«, rief Lambert. »Und ich gebe dir gleich die Auflösung. Wenn ein Schiff von Osten nach Westen um die Welt fährt, dann wissen wir ja, daß es bei der Aufrechnung einen Tag verliert. Wenn es heimkommt, und es ist für das Schiff ein Mittwoch, so wird es feststellen, daß die Leute dort den Tag Donnerstag nennen, weil sie hier eine Mitternacht mehr hatten als die auf dem Schiff. Und wenn du in der anderen Richtung herumfährst, gewinnst du einen Tag.«
»Weiß ich alles«, erwiderte Hugh auf diese nicht sehr lichtvolle Erklärung; »aber das hilft mir nichts, denn das Schiff hat keine normalen Tage. In der einen Richtung bekommst du mehr als vierundzwanzig Stunden für einen Tag, in der anderen Richtung kriegst du weniger. Daher werden natürlich die Bezeichnungen falsch. Die Leute aber, die an einem Ort bleiben, kriegen immer vierundzwanzig Stunden für ihren Tag.«
»Ich glaube, es gibt so einen Ort«, sagte Balbus grüblerisch, »obgleich ich nie davon gehört habe. Da muß es den Leuten schon sehr merkwürdig vorkommen, daß sie den alten Tag auf ihrer Ostseite, und den neuen Tag auf ihrer Westseite haben; wenn die Mitternacht nämlich bei ihnen ankommt, den neuen Tag vor sich herschiebt und den alten Tag hinter sich hat, dann weiß man nicht genau, was geschieht. Ich muß mal darüber nachdenken.«
Sie betraten also das Haus in der Verfassung, die ich beschrieben habe: Balbus verwirrt, und Lambert tief in düstere Gedanken versunken.
»Jawohl, Gnäfr, der Herr ist zu Hause, Gnäfr,« sagte der

würdige alte Butler (NB: Nur ein erfahrener Butler bringt es fertig, vier Silben so auszusprechen, als sei es eine); Sie werden schon in der Bibliothek erwartet, von der Infamie!«

»Es gefällt mir nicht, daß er deinen Vater als »Infamie« bezeichnet«, flüsterte Macke Mattik ihrer Nichte zu, als sie durch die Diele gingen. Clara konnte gerade noch zurückflüstern: »Er meinte *en famille«,* da wurden sie schon in die Bibliothek geführt und durch den Anblick der fünf ernsthaften Gesichter, die hier versammelt waren, zum Schweigen gebracht.

Ihr Vater saß am Kopfende des Tisches und winkte den Damen wortlos zu, sie sollten sich auf die beiden leeren Stühle zu seinen beiden Seiten setzen. Seine drei Söhne und Balbus vervollständigten die Gesellschaft. Auf dem Tisch hatte man Schreibmaterial nach der Art eines geisterhaften Banketts angeordnet: offensichtlich hatte der Butler lange über das Arrangement nachgedacht. Papierblätter im Quartformat, links und rechts davon ein Federhalter und ein Bleistift, stellten die Gedecke vor, die Federwische nahmen die Stelle von Brötchen ein, während die Tintenfläschchen an den Stellen standen, wo gewöhnlich die Weingläser stehen. Das *Hauptgericht* bildete ein großer grüner Flanellbeutel, der, als der alte Mann ihn nervös in seiner ganzen Breite anhob, ein reizvolles Klingeln, wie von zahllosen goldenen Guineen von sich gab.

»Schwester, Tochter, Söhne und Balbus«, begann der alte Mann, mit solcher Nervosität, daß Balbus ein besänftigendes »Bravo!« dazwischen sagte, während Hugh mit seinen Fäusten auf den Tisch trommelte. Den ungeübten Redner brachte das ganz aus dem Konzept. »Schwester«, hub er von neuem an, und hielt dann für einen Augenblick inne; er bewegte den Sack etwas nach der anderen Seite und fuhr dann mit gewaltiger Anstrengung fort: »Ich meine, da dies nun – eine besondere Gelegenheit ist – da es – mehr oder weniger das Jahr ist, in dem einer meiner Söhne erwachsen wird« – wieder hielt er in einiger Verwirrung an, da er offenbar früher, als geplant, in der Mitte seiner Rede angekommen war – aber jetzt war es zu spät für den Rückweg. »Bravo!« rief Balbus. »Jawohl«, sagte der alte Herr, während er ein bißchen von seinem Selbstbewußtsein zurückgewann: »Als ich mit dieser jährlichen Gewohnheit anfing – mein Freund Balbus wird meinem Gedächtnis schon nachhelfen, wenn es nicht stimmt – (Hugh flüsterte »mit einem Riemen!« aber niemand hörte ihn, außer Lambert, der zu ihm hinschaute, die Stirn runzelte und den Kopf schüttelte) – als ich mit der jährlichen Gewohnheit anfing, jedem meiner Söhne soviele Guineen in Gold zu geben, wie es seinem Alter entsprach – da war das eine besondere Gelegenheit – so hat es mir jedenfalls Balbus mitgeteilt – denn die Lebensjahre von zweien waren zusammen gleich dem Alter des dritten – ich hielt eine Rede bei jener Gelegenheit –«; er schwieg so lange, daß Balbus es für richtig hielt, ihm mit den Worten zu Hilfe zu kommen: »Es war ein sehr –« – aber der alte Mann brachte ihn mit einem drohenden Blick zum Schweigen: »Jawohl, ich hielt eine Rede«, wiederholte er. »Einige Jahre danach wies Balbus darauf hin – ich sage »wies darauf hin –«

(»Bravo!« rief Balbus; »Jawohl«, sagte der dankbare alte Mann) »daß es wieder einmal eine besondere Gelegenheit war. Die Lebensalter von zweien von euch waren nämlich zusammen doppelt so hoch wie das Alter des dritten, Also hielt ich eine weitere Rede – eine weitere Rede. Und jetzt ist es wieder eine besondere Gelegenheit, wie Balbus sagt, und jetzt halte ich –« (an dieser Stelle warf Macke Mattik einen ostentativen Blick auf ihre Uhr) – »ich mich an die größtmögliche Eile!« rief der alte Mann in wunderbarer Geistesgegenwart. »Wirklich, Schwester, jetzt komme ich zum Kern! Die Anzahl der Jahre, die seit jener allerersten Gelegenheit verstrichen sind, ist gerade zwei Drittel von der Zahl der Gold-Guineén, die ich euch damals gegeben habe. Also los, ihr Jungen, ihr rechnet nun nach diesen Angaben euer jeweiliges Alter aus, und dann kriegt ihr das Geld.«

»Aber wir *wissen* doch, wie alt wir sind!« rief Hugh.

»Ruhe, mein Herr!« donnerte der alte Mann und erhob sich in seinem Unmut zu seiner vollen Größe (er war genau einen Meter fünfundsechzig groß). »Ich sage, Ihr sollt *nur* die vorliegenden Angaben benutzen. Ihr sollt noch nicht einmal davon ausgehen, welcher von euch jetzt großjährig wird!« Er umklammerte den Beutel, während er sprach, und verließ mit schwankenden Schritten (das war so die Gangart, die dieses Gewicht noch zuließ) das Zimmer.

»Und *du* sollst ein ähnliches *Cadeau* bekommen«, flüsterte die alte Dame ihrer Nichte zu, »wenn du diesen Prozentsatz ausgerechnet hast!« – Und damit folgte sie ihrem Bruder.

Nichts konnte würdiger sein, als die Würde, mit der die beiden Alten vom Tisch aufgestanden waren – und doch – war es ein Lächeln, mit dem der Vater sich von seinen unglücklichen Söhnen abgewandt hatte? War es womöglich – vielleicht – ein *Zwinkern,* mit dem die Tante ihre verzweifelnde Nichte verließ? Und diese Laute – waren sie nicht wie von unterdrücktem Kichern, das durch den Raum zitterte, kurz bevor Balbus (der hinter ihnen hinaus gegangen war) die Tür geschlossen hatte? – Nein, gewiß nicht; und doch erzählte der Butler dem Koch – aber nein, das war nur eine dumme Klatscherei, und wir werden sie nicht wiedergeben.

Die Schatten des Abends gehorchten ihrem stummen Wunsch und »sanken nicht über sie nieder« (denn der Butler brachte die Lampe herein); für »ein Weilchen« trugen diese freundlichen Schatten »ein einsam Bellen« zu ihnen hinüber (das Jaulen eines Hundes, der aus einem Hinterhof den Mond ankläffte); doch weder »der Morgen, ach« (noch irgendeine andere Tageszeit) konnte ihnen den Frieden der Seele wiedergeben, der ihnen »beschieden« gewesen war, bevor diese Probleme über sie hereinbrachen und sie mit ihrem unergründlichen Geheimnis niederdrückten!

»Gute Nacht, schöne Gegend«, murmelte Hugh, »uns so ein Knäuel zum Aufdröseln zu geben!«

»Es ist nicht recht!« sagte Clara bitter – und ich kann nichts anderes tun, als ein Paar Worte von Hugh und Clara zu wiederholen und zu euch zu sagen:

»Recht gute Nacht!«

ANHANG

*»Ein Knoten!« sagte Alice.
»Oh, bitte, ich möchte helfen ihn aufzumachen.«*

ANTWORTEN ZUM ERSTEN KNOTEN

Problem: »Zwei Reisende brauchen von drei bis neun Uhr, um auf einer ebenen Straße, einen Berg hinauf, und wieder nachhause zu wandern, wobei ihre Geschwindigkeit in der Ebene vier Meilen pro Stunde beträgt, den Berg hinauf drei und bergab sechs. Ermittle die zurückgelegte Entfernung, außerdem (mit einer halben Stunde Genauigkeit) die Zeit, zu der sie die Bergspitze erreicht haben.«

Antwort: »vierundzwanzig Meilen; halb sieben Uhr.«

Lösung: Für eine ebene Meile braucht man eine viertel Stunde, bergauf eine drittel Stunde, und bergab eine sechstel Stunde. Also braucht man für Hin- und Rückweg über diese Meile, ob sie nun eben ist oder hügelig, eine halbe Stunde. Also sind sie in sechs Stunden zwölf Meilen hin und zwölf zurückgegangen. Wenn die zwölf Meilen Hinweg annähernd eben gewesen wären, so hätten sie wenig mehr als drei Stunden dafür gebraucht; wenn es immer bergauf gegangen wäre, so etwas weniger als vier Stunden. Also liegt dreieinhalb Stunden mit dreißig Minuten Genauigkeit innerhalb der Zeit, zu der sie den Gipfel erreicht haben müssen; da sie um drei Uhr losgegangen sind, haben sie ihn also in der halben Stunde vor oder nach halb sieben erreicht.

Es sind siebenundzwanzig Antworten eingegangen. Von diesen sind neun richtig, sechzehn teilweise richtig und zwei falsch. Die sechzehn geben die Entfernung richtig an, aber sie konnten die Tatsache nicht begreifen, daß der Berggipfel *irgendwann* zwischen sechs und sieben Uhr erreicht worden sein könnte.

Die beiden falschen Antworten sind von GERTY VERNON und EIN NIHILIST. Die erste gibt als Entfernung »dreiundzwanzig Meilen«, während ihr revolutionärer Genosse sie mit »Siebenundzwanzig« ansetzt. GERTY VERNON sagt »sie mußten vier Meilen im Flachland gehen und kamen um vier Uhr am Fuß des Berges an«! Sie *könnten* das geschafft haben, das gebe ich zu; aber du hast keinen Anhalt für die Aussage, daß sie es tatsächlich schafften. »Es waren siebeneinhalb Meilen bis zum Berggipfel, und sie erreichten diesen um viertel vor sieben.« Du hast hier falsch gerechnet und ich muß dir – wenn auch ungern – adieu sagen. Siebeneinhalb Meilen bei drei Meilen pro Stunde würden *nicht* zweidreiviertel Stunden erfordern. EIN NIHILIST schreibt: »Setzen wir x für die gesamte Anzahl der Meilen; und y für die Zahl der Stunden bis zum Berggipfel; 3 y = Zahl der Meilen zum Gipfel und x - 3 y = die Zahl der Meilen auf der anderen Seite.« Du machst mich ganz wirr. »Der anderen Seite« wovon? »Des Berges« sagst du. Aber wie kamen sie dann wieder nachhause? Aber, um deinen Ansichten gerecht zu werden, werden wir eine neue Herberge am Fuß des Berges auf der Gegenseite bauen, und außerdem annehmen (was zugegebenermaßen *möglich,* aber nicht *notwendigerweise wahr* ist), daß es überhaupt keine ebene Straße gibt. Aber auch dann ist deine Rechnung falsch. Du sagst

$$"Y = 6 - \frac{x-3y}{6} \quad \dots\dots\dots\dots\dots\dots\dots\dots (i)$$

$$\frac{x}{4\frac{1}{2}} = 6 \quad \dots\dots\dots\dots\dots\dots\dots\dots\dots\dots\dots (ii)$$

Ich will dir (i) zugestehen, aber ich bestreite (ii): Die Gleichung beruht auf der Annahme, daß man, wenn man eine zeitlang drei Meilen pro Stunde geht, und die restliche Zeit sechs Meilen pro Stunde, zum selben Ergebnis kommt, als sei man die ganze Zeit über viereinhalb Meilen gegangen. Das wäre aber nur richtig, wenn die »zeitlang« genau *eine Hälfte* wäre, d. h. wenn sie drei Stunden bergauf, und drei Stunden bergab gegangen wären, was sie sicherlich *nicht* getan haben.

Die sechzehn, die zum Teil richtig geantwortet haben, sind AGNES BAILEY, F. K., FIFEE, G. E. B., H. P., Kit, M. E. T., MYSIE, EINER MUTTER SOHN, NAIRAM, EIN ROT-RUTHENE, EIN SOZIALIST, SPEERFRÄULEIN, T. B. C., VIS INERTIAE und YAK. Von diesen haben F. K., FIFEE, T. B. C. und VIS INERTIAE den zweiten Teil gar nicht erst versucht. F. K. und H. P. geben die Ausführung nicht an. Die übrigen machen spezielle Annahmen, z. B. daß keine ebene Straße vorhanden war, daß sechs Meilen ebene Straße gegeben waren und so weiter, die alle zu genauen Zeitangaben für das Erreichen des Berggipfels führten. Die absonderlichste Annahme ist die von AGNES BAILEY, die schreibt »x sei die Zahl der Stunden, die für den Aufstieg gebraucht wurden; dann ist x/2 die Zahl der Stunden für den Abstieg, und $\frac{4x}{3}$ Stunden wurden auf der ebenen Strecke gebraucht.« Ich vermute, du dachtest an die relativen Geschwindigkeiten bergauf und bergab. Wir könnten das so ausdrücken, daß, wenn sie in einer bestimmten Zeit x Meilen bergauf gingen, sie $\frac{4x}{3}$ Meilen während derselben Zeit auf der Ebene gingen. Du hast somit angenommen, daß sie für die ebene Strecke dieselbe Zeit brauchten wie für den Aufstieg. FIFEE nimmt an, wenn der ältere Ritter sagt, sie seien »vier Meilen in der Stunde« auf der Ebene gegangen, so bedeute dies, daß *vier Meilen* zurückgelegt wurden, und nicht die *Geschwindigkeit*. Das wäre aber – wenn FIFEE mir den Ausdruck verzeiht – eine Lappalie gewesen, und der Würde des Helden nicht angemessen.

»Und nun steigt herab, oh klassische Neun!«, die das ganze Problem gelöst haben, und laßt mich euer Lob singen. Eure Namen sind BLITHE, E. W., L. B., A MARLBOROUGH BOY, O. V. L., PUTNEY WALKER, ROSE, SEE-BRISE, SUSIE EINFACH, und GELDDREHER (die beiden letzten rechne ich als einen, da sie gemeinsam eingeschickt haben.) ROSE und SUSIE EINFACH und Co. haben nicht direkt festgestellt, daß der Berggipfel irgendwann zwischen sechs und sieben erreicht wurde, da sie aber die Tatsache, daß eine Meile bergauf und eine bergab dieselbe Zeit erforderten wie in der Ebene, klar begriffen haben, rechne ich sie auch zu den »Richtigen«. A MARLBOROUGH BOY und PUTNEY WALKER verdienen eine ehrende Erwähnung für ihre algebraische Lösung, da sie die einzigen beiden sind, die erkannten, daß die Frage zu einer *undeterminierten Gleichung* führt. F. D. erhebt den Vorwurf der Unwahrhaftigkeit gegen den älteren Ritter – eine ernste Beschuldigung, denn er war ein Ritter von der feinsten Sorte! Er sagt: »Nach den vorliegenden Angaben liefert die Zeit auf dem Gipfel keine Möglichkeit, die gesamte Entfernung zu berechnen. Sie befähigen uns nicht, auf den Zoll genau anzugeben, wieviel ebene Straße und wieviel bergige Straße vorhanden waren.« »Schönes Mädchen,« antwortet der ältere Ritter« wenn, wie ich annehme, deine Anfangsbuchstaben Frühfertige Dame bedeuten – so bedenke, daß das Wort befähigen dein Wort ist, nicht meines. Ich habe ja nur nach der Zeit der Ankunft auf dem Gipfel gefragt – als meine Vorbedingung für weitere Verhandlungen. Wenn du *jetzt* immer noch nicht zugeben willst, daß ich ein wahrheitsliebender Mann bin, so werde ich feststellen, daß diese Buchstaben Filziger Dickkopf bedeuten.«

Notenliste

I

A MARLBOROUGH BOY · PUTNEY WALKER

II

BLITHE · E. W. · L. B. · O. V. L. · ROSE · SEE-BRISE · SUSIE EINFACH · GELDDREHER

BLITHE hat sich ein so geistreiches Zusatzproblem ausgedacht, und SUSIE EINFACH & Co haben die Lösung in einem so wohlklingenden Verschen angegeben, daß ich ihre jeweiligen Antworten als vollgültig bewertet habe. An

der Antwort von BLITHE habe ich ein paar Worte geändert
– ich hoffe, sie wird es verzeihen; so, wie es da stand,
schien es nicht ganz klar zu sein.

»Doch warte«, sagte der Jüngere, und ein Schein der
Erleuchtung erhellte die entspannten Muskeln seines
ruhigen Gesichtes. »Warte. Mich deucht, es zählt gering,
wann wir den Gipfel erreichten, die Krone unserer Mühen. Denn in der Spanne Zeit, in der wir eine Meile
aufwärtskletterten und ebenso weit auf dem Rückweg
hinuntereilten, hätten wir das Zwiefache in der Ebene
wandern können. So haben wir also vierundzwanzig
Meilen in diesen sechs Stunden hinter uns gebracht;
nicht einen Augenblick hielten wir an, um den Atem zu
schöpfen, der uns floh, oder ringsum in die Landschaft
zu blicken!«
»Recht gut«, sagte der alte Mann. »Zwölf Meilen her
und zwölf Meilen hin. Und wir erreichten den Gipfel
irgendwann zwischen sechs und sieben Uhr. Nun merke
auf! So viel mal fünf Minuten, seit wir auf jenem Gipfel
standen, entflohen sind, so viele Meilen sind wir aufgestiegen den ermüdenden Berghang!«
Der Junge stöhnte und eilte zur Herberge.

BLITHE

> Es traten Ritter jung und alt
> Um drei Uhr aus dem Haus
> Wieviel sie flach gewandert sind
> Das macht mir wenig aus
> Wann sie erreichten Bergesfuß
> Und wann hinauf sie stiegen

Sind Fragen die auf meiner Waag
Nur wenig sollen wiegen.

Der Zeitpunkt, da sie Hüte schwangen
Ganz oben auf der Kuppe
Um solch Ergebnis mich zu bangen
Das ist mir viel zu schnuppe.
Jedoch die Strecke insgemein
Auf der sie mußten eilen
Durch Berg und Tal von drei bis neun
Warns Vierundzwanzig Meilen.

Vier Meilen machten sie die Stund
Entlang der ebnen Bahn
Drei keuchten sie bergauf nur und
Sechs trabten sie hinab
Und also braucht es wenig Witz
Zu sagen was ich fand
Bergauf bergab vier Meilen sind
Gegangen sie im Land.

Ob kurze oder lange Zeit
Sie eilten schräg hinauf
Zwei Drittel sind davon vorbei
Ein Drittel bleibt zum Abwärtslauf
Um drei zwei Drittel, eins um sechs
Wenn recht gerechnet izt
Das macht um Vier ein ganzes Voll
Und die Geschicht entfitzt.

SUSIE EINFACH/GELDDREHER

ANTWORTEN ZUM ZWEITEN KNOTEN

§ 1 Die Dinner-Party

Problem: »Der Gouverneur von Kgovjni will eine ganz kleine Dinnerparty abhalten; er lädt seines Vaters Schwager, seines Bruders Schwiegervater, seines Schwiegervaters Bruder und den Vater seines Schwagers ein. Ermittle die Zahl der Gäste.«

Antwort: Einer.

In dieser Stammtafel sind die Männer mit großen, die Frauen mit kleinen Buchstaben bezeichnet. Der Gouverneur ist E und sein Gast ist C

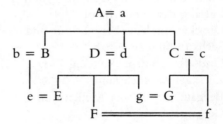

Zehn Antworten sind eingegangen. Von diesen ist eine falsch, GALANTHUS NIVALIS MAJOR, der unbedingt zwei Gäste einladen will, wobei einer der Vater des Bruders der Frau des Gouverneurs ist. Hätte er den Vater des Gatten seiner Schwester stattdessen genommen, dann hätte er die Zahl seiner Gäste auf einen vermindern können.

Von den neun, die richtige Antworten geschickt haben, ist SEE-BRISE das allerschwächste Lüftchen, das je diesen

Namen trug! Sie erklärt ganz einfach, der Gouverneur könne alle Bedingungen durch »Einheiraten« erfüllen! O »Wind der westlichen Meere«, Du hast nur eine schmale Ritze gefunden! Sei dankbar, daß du überhaupt auf der Notenliste erscheinst!

SUMPF-EICHE und KURSBUCH DER ZUKUNFT gehen von einer Verwandschaft aus, die aus sechzehn Personen bestehen muß, anstatt aus vierzehn, indem sie den Gatten der Schwester von des Gouverneurs Vater einladen, statt den Bruder der Frau seines Vaters. Ich kann diese Lösung nicht so hoch bewerten wie diejenige, die mit vierzehn Leuten auskommt. CAJUS UND VALENTINE verdienen besondere Erwähnung, da sie die einzigen sind, die Stammbäume geliefert haben.

Notenliste

I

BIENE · CAJUS · M. M. · MATTHEW MATTICKS · ALTE KATZE · VALENTINE

II

SUMPF EICHE · KURSBUCH DER ZUKUNFT

III

SEE-BRISE

§ 2 Die Wohnungen.

Problem: »Ein Quadrat mit zwanzig Häusern an jeder Seite, welche aus einundzwanzig gleichen Teilen besteht. Sie sind der Reihe herum numeriert, wobei an einer Ecke angefangen wird. Von welchen der vier Häuser mit den Nummern 9, 25, 52 und 73 ist die

Summe der Entfernungen zu den anderen dreien am kleinsten?
Antwort: »Von Nummer 9.«

A sei Nr. 9, B Nr. 25, C Nr. 52 und D Nr. 73
Dann ist
AB = $\sqrt{(12^2 + 5^2)}$ = $\sqrt{169}$ = 13
AC = 21
AD = $\sqrt{(9^2 + 8^2)}$ = $\sqrt{145}$ = 12 +
(d. h. zwischen 12 und 13)
BC = $\sqrt{(16^2 + 12^2)}$ = $\sqrt{400}$ = 20
BD = $\sqrt{(3^2 + 21^2)}$ = $\sqrt{450}$ = 21 +
CD = $\sqrt{(9^2 + 13^2)}$ = $\sqrt{250}$ = 15 +

```
           A
      9  •    12   5
      8        •  B
   D  •
      13       16
       9   •   12
           C
```

Also ist die Summe der Entfernungen von A zwischen 46 und 47; von B zwischen 54 und 55; von C zwischen 56 und 57; von D zwischen 48 und 51. (Warum nicht zwischen 48 und 49 – das könnt Ihr selbst herausfinden). Die Summe ist also am kleinsten für A.
Fünfundzwanzig Lösungen sind eingegangen. Von diesen sind fünfzehn mit »0« benotet worden, fünf sind

teilweise richtig, und fünf sind richtig. Von den fünfzehn kann ich ALPHABETICAL PHANTOM, SUMPFEICHE, DINA MITE, FIFEE, GALANTHUS NIVALIS MAJOR (Ich fürchte, unser Schneetropfen ist von einem kalten Frühling befallen worden), GUY, H. M. S., PINAFORE, JANET und VALENTINE einfach mit der Bemerkung erledigen, daß sie von den unglücklichen Mietern verlangen, sich an das Trottoir zu halten (Ich habe die Worte »ging quer rüber zu Nummer dreiundsiebzig« genau deshalb benutzt, um anzuzeigen, daß schräge Abkürzungen möglich waren). SEE-BRISE tut dasselbe und fügt hinzu, »das Ergebnis wäre das gleiche, wenn sie quer über den Platz gingen«, aber sie liefert keinen Beweis dafür. M. M. zeichnet eine Skizze und schreibt, daß Nr. 9 das Haus sei, »wie die Skizze zeigt«. Ich kann das nicht daraus entnehmen. ALTE KATZE nimmt an, das Haus müsse Nr. 9 oder Nr. 73 sein. Sie legt nicht dar, wie sie die Entfernungen abschätzt. BIENES Rechnung ist fehlerhaft; sie schreibt $\sqrt{169} + \sqrt{442} + \sqrt{130} = 741$ (ich vermute, du meinst $\sqrt{741}$, was der Wahrheit etwas näher käme. Aber Wurzeln können nicht auf diese Weise addiert werden. Meinst du wirklich $\sqrt{9} + \sqrt{16}$ sei 25, oder auch $\sqrt{25}$?) Doch um AYR steht es noch schlimmer: mit erschreckender Gelassenheit zieht sie unlogische Schlüsse. Nach dem sie (richtig) dargelegt hat, daß AC kleiner als BD ist, sagt sie »deshalb muß das Haus, das den anderen drei am nächsten liegt, entweder A oder C sein«. Und noch einmal, nachdem sie (richtig) feststellt, daß B und D beide innerhalb der Quadrathälfte liegen, in der auch A liegt, sagt sie »deshalb« müsse AB + AD weniger als BC + CD sein (keines dieser »deshalb« ist logisch zwingend. Was das erste angeht, versuche es mit den Nummern 1, 21, 60 und 70: dadurch wird dein Ausgangspunkt richtig, aber der Schluß daraus falsch. So ähnlich geht es auch für den zweiten Fall, hier versuche es mit 1, 30, 51 und 71).

Von den fünf teilweise richtigen Lösungen lassen RAGS and TATTERS und DER VERRÜCKTE HUTMACHER (die zu zweit eine Antwort eingeschickt haben) Nr. 25 sechs Teilstücke von der Ecke entfernt sein, anstatt fünf. CHEAM, E. R. D. L. und MEGGY POTTS geben Öffnungen und Ecken an, die in der Aufgabe nicht beschrieben sind: Weiterhin gibt CHEAM Werte für die Entfernungen, ohne auch nur anzudeuten, daß es nur *Näherungen* sind. CROPHI AND MOPHI machen die kühne und grundlose Annahme, daß es in Wirklichkeit an jeder Seite einundzwanzig Häuser seien, und nicht zwanzig, wie Balbus festgestellt hat.

»Wir können annehmen«, schreiben sie weiter, »daß die Häuser von Nr. 21, 42, 63, 84 vom Mittelpunkt des Platzes nicht sichtbar sind.« Was gibt es wohl, so frage ich mich, was CROPHI AND MOPHI *nicht* annehmen könnten?

Von den fünf, die vollkommen richtig geantwortet haben, verdienen nach meiner Meinung KURSBUCH DER ZUKUNFT, CAIUS, CLIFTON C. und MARTREB ein besonderes Lob für ihre unverkürzten analytischen Lösungen. MATTHEW MATTICKS wählt sich Nr. 9 aus, und beweist sehr sauber und einfallsreich – auf zwei Arten –, daß es das richtige Haus ist. Aber *warum* er es am Anfang gewählt hat, kommt nicht heraus. Es ist ein ausgezeichneter synthetischer (induktiver) Beweis, aber es fehlt die *Analyse,* die von den anderen vier geliefert wird.

Notenliste

I

KURSBUCH DER ZUKUNFT · CAIUS · CLIFTON C · MARTREB

II

MATTHEW MATTICKS

III

CHEAM · CROPHI AND MOPHI · E. R. D. L. · MEGGY POTTS · RAGS AND TATTERS · DER VERRÜCKTE HUTMACHER

Von SCRUTATOR ist mir ein Vorwurf zuteil geworden, im Hinblick auf den ersten Knoten, der, wie er erklärt, überhaupt kein Problem war. »Zwei Fragen«, schreibt er, »wurden gestellt«. Um die eine zu beantworten, mangelt es an Daten; die andere beantwortet sich selbst.« Was den ersten Punkt angeht, so hat SCRUTATOR Unrecht; die Daten genügen völlig, um die Frage zu beantworten. Was die zweite Frage angeht, so ist es interessant zu hören, daß die Frage »sich selbst beantwortet«; gewiß ist dies für die Frage sehr ehrenvoll: Jedoch fürchte ich, ich kann sie nicht auf der Liste der Sieger angeben, denn in diesem Wettstreit sind nur menschliche Wesen zugelassen.

ANTWORTEN AUF DEN DRITTEN KNOTEN

Problem: (1) »Zwei Reisende, die zur selben Zeit abfahren, fuhren auf einer ringförmigen Eisenbahn in entgegengesetzten Richtungen. In jeder Richtung fahren die Züge alle fünfzehn Minuten ab, wobei die östlichen Züge für eine Rundreise drei Stunden brauchen, die westlichen zwei Stunden. Wieviele Züge begegneten jedem von beiden auf dem Weg? Dabei werden diejenigen Züge nicht gezählt, die zu gleicher Zeit im Bahnhof selbst eintrafen.«

(2) »Sie fuhren wie zuvor im Kreis, wobei jeder Reisende mit eins zu zählen anfing, wenn der dem Zug begegnete, in dem der andere Reisende saß. Wieviele Züge begegneten ihnen nun?«

Antworten (1): Neunzehn (2) Der östliche Reisende zählte zwölf, der andere acht.

Die Züge brauchten in der einen Richtung 180 Minuten, in der anderen 120 Minuten. Wir gehen vom Umfang eines Kreises in Winkelgrad aus, also von 360, und teilen die Bahnlinie in 360 Einheiten. Dann fuhr die eine Gruppe von Zügen mit einer Geschwindigkeit von zwei Einheiten pro Minute und in Abständen von 30 Einheiten; die andere Folge von Zügen fuhr drei Einheiten pro Minute in Abständen von 45 Einheiten. Ein Zug, der nach Osten losfährt, hat zwischen sich und dem ersten Zug, dem er begegnet, 45 Einheiten: Er legt $2/5$ davon zurück, während der andere Zug $3/5$ zurücklegt, also treffen sie sich nach 18 Einheiten, und so geht es auf der ganzen Rundfahrt weiter. Ein Zug, der nach Westen abfährt, hat 30 Einheiten zwischen sich und dem ersten Zug, den er trifft: Er legt $3/5$ des Weges zurück, während der entgegenkommende Zug $2/5$ davon zurücklegt; demnach treffen sie sich nach 18 Einheiten; und so geht es auf der ganzen Rundfahrt weiter. Die Eisenbahn-Strecke kann also durch 19 Markierungen in 20 Teile geteilt werden, von denen jeder aus 18 Einheiten besteht; die Züge begegnen sich an jeder Marke; was (1) betrifft, so fährt jeder Reisende an 19 Marken vorbei und begegnet also 10 Zügen. Beim Problem (2) jedoch fängt der östliche Reisende erst an zu zählen, nachdem er $2/5$ der Reise zurückgelegt hat, d. h. wenn er die 8. Marke erreicht; er zählt also nur 12 Marken; entsprechend zählt der andere 8. Sie begegnen einander nach $2/5$ von 3 Stunden, oder $3/5$ von 2 Stunden, d. h. nach 72 Minuten.

Fünfundvierzig Antworten sind eingegangen. Von diesen können zwölf nicht diskutiert werden, da sie keine Ausarbeitung enthalten. Ich kann nur ihre Namen aufzählen. ARDMORE, E. A., F. A. D., L. D., MATTHEW MATTICKS, M. E. T., Puh-Puh, und DIE ROTE KÖNIGIN haben alles falsch beantwortet. BETA und ROWENA haben (1) richtig und (2) falsch. FRECHDACHS und NAIRAM geben die richtigen Antworten, aber, vielleicht macht es den ersten etwas weniger frech, und ermöglicht der anderen eine weniger verdrehte Auffassung, wenn ich mitteile, daß sie keine Noten bekommen hätten, wenn dies ein Preisausschreiben gewesen wäre. (N. B. – ich habe nicht gewagt, den Namen von E. A. ganz herzusetzen, da sie ihn nur für den

Fall angegeben hat, daß ihre Antwort sich als richtig erweisen würde.)

Von den dreiunddreißig Antworten, für die eine Ausarbeitung angegeben ist, sind zehn falsch; elf sind halb falsch und halb richtig; drei sind richtig, nur daß sie sich dem Hirngespinst hingeben, in dem östlichen Zug sei *Clara* gefahren – eine Behauptung, die durch die Angaben nicht sicher belegt werden kann. Neun sind vollkommen richtig.

Die zehn falschen Antworten sind von BO-BEEP, FINANCIER, I. W. T., KATE B., M. A. H., Q. Y. Z., SEE-MÖVE, THISTLEDOWN, TOM-QUAD und jemandem ohne Unterschrift. BO-PEEP schreibt richtig, daß der östliche Reisende allen Zügen begegnete, die in den drei Stunden während seiner Reise abfuhren, außerdem denen, die während der vorangegangenen zwei Stunden losfuhren, d. h. allen, die am Anfang von zwanzig Abschnitten von jeweils fünfzehn Minuten abfuhren. Und sie läßt korrekterweise den weg, den sie im Augenblick der Abfahrt trifft; es ist aber nicht richtig, daß sie den *letzten* Zug wegstreicht, denn dem ist sie ja nicht im Bahnhof begegnet, sondern fünfzehn Minuten bevor sie dort ankam. Den selben Fehler macht sie bei (2). FINANCIER glaubt, man dürfe keinen Zug mitrechnen, den man zum zweiten Mal sieht. I. W. T. ermittelt durch ein nicht angegebenes Verfahren, die Reisenden würden sich nach 71 Minuten und 26 ½ Sekunden begegnen. KATE B. glaubt, die Züge, die sich bei der Abfahrt und bei der Ankunft begegnen, sollten nicht gezählt werden, auch wenn sie sich anderswo begegnen. Q. Y. Z. versucht es mit einer ziemlich komplizierten algebraischen Lösung, und es gelingt ihm, die Zeit, zu der sich die beiden begegnen, richtig herauszukriegen: alles andere ist falsch. SEEMÖVE denkt offenbar zu (1), der östliche Zug sei drei Stunden lang *still gestanden;* und sie schreibt zu (2), die Reisenden seien sich nach 71 Minuten und 40 Sekunden begegnet. THISTLEDOWN ist so ehrlich, zu gestehen, daß sie nicht zu rechnen versucht hat, sondern nur ein Bild der Eisenbahn gezeichnet und die Züge gezählt hat; in (1) zählt sie falsch; in (2) läßt sie die Begegnung nach 75 Minuten stattfinden. TOM-QUAD läßt (1) aus; in (2) läßt er Clara den Zug mitzählen, den sie bei ihrer Ankunft antrifft. Die nicht unterschriebene Antwort ist ebenfalls unverständlich; darin steht, die Reisenden führen »$1/24$-tel mehr als die gesamte Entfernung, die zurückgelegt wird.«! Die »Clara«-Theorie, auf die ich schon hingewiesen habe, wird von fünf von diesen vertreten, nämlich von BO-PEEP, FINANCIER, KATE B, TOM QUAD und dem namenlosen Einsender.

Die elf halbrichtigen Antworten sind von SUMPF-EICHE, BRIDGET, CASTOR, CHEDAR-KATZE. G. E. B., GUY, MARY, M. A. H, ALTE JUNGFER, R. W. und VENDREDI. Sie alle vertreten die »Clara«-Theorie. CASTOR hat (1) ausgelassen. VENDREDI liegt bei (1) richtig, macht aber in (2) den selben Fehler wie BO-PEEP. In deiner Lösung bemerke ich eine wundervolle Relationsrechnung: »300 Meilen: 2 Stunden = 1 Meile: 24 Sekunden.« Ich erlaube mir, dir die schnellstmögliche Anschaffung äußerster Skepsis gegenüber der Möglichkeit zu empfehlen, daß es eine Relation zwischen Meilen und Stunden gäbe. Laß dich nicht durch die sarkastischen Bemerkungen deiner Freunde entmutigen,

was deine »umständlichen Methoden« betrifft. Ihre kurze Methode, die Addition von 12 und 8, hat den geringfügigen Nachteil, daß die Antwort dadurch falsch wird: Sogar eine umständliche Methode ist besser als *so etwas!* M. A. H. – zu (2) läßt die Reisenden mit »eins« zu zählen anfangen, *nachdem* sie sich begegnet sind, und nicht, *als* sie sich begegnen. CHEDAR-KATZE und ALTE JUNGFER kommen in der ersten Aufgabe auf zwanzig Züge, weil sie vergessen, den Zug wegzulassen, den sie bei der Ankunft treffen. Die anderen erhalten alle auf verschiedenste Weisen »18«. SUMPF-EICHE, GUY, und R. W. teilen die Züge, die der westliche Reisende treffen soll, in zwei Gruppen, nämlich diejenigen, die schon auf Fahrt sind, die sie (richtig) mit »11« angeben, und diejenigen, die während der zweistündigen Reise abfahren (ausgenommen den bei der Ankunft angetroffenen Zug), die sie (fälschlich) mit »7« angeben; einen ähnlichen Fehler machen sie mit dem östlichen Zug. BRIDGET schreibt (richtig), daß der westwärts Reisende zwie Stunden lang alle sechs Minuten einem Zug begegnet, gibt jedoch die Zahl (fälschlich) mit »20« an; sie müßte »21« sein. G. E. P. übernimmt die Methode von BO-BEEP, läßt jedoch (fälschlicherweise) (für den ostwärts Reisenden) den Zug aus, der zu Beginn der vorherigen zwei Stunden abfuhr. MARY ist der Meinung, ein Zug, den man bei der Ankunft trifft, solle man auch dann nicht zählen, wenn er bei früheren Gelegenheiten in Sicht kam.
Die drei, die – bis auf die unglückliche »Clara«- Theorie alles richtig haben, sind F. LEE, G. S. C., und X. A. B.
Und nun »Steigt herab, o große Zehn!«, die ihr das

gesamte Problem gelöst habe. Eure Namen sind AIX-LES-BAINS, ALGERNON BRAY (danke für die freundliche Anmerkung, die mit einer Herzenswärme zu mir kommt, die nicht einmal der Atlantik abkühlen kann), ARVON. KURSBUCH DER ZUKUNFT, FIFEE, H. L. R., J. L. O., OMEGA, S. S. G., und WARTEN AUF DEN ZUG. Einige von diesen haben Clara behelfsmäßig in den ostwärts fahrenden Zug gesetzt: aber sie haben offenbar verstanden, daß dies aus den Angaben nicht sicher abgeleitet werden kann.

Notenliste

I

AIX-LE-BAINS · ALGERNON BRAY · KURSBUCH DER ZUKUNFT · FIFEE · H. L. R. · OMEGA · S. S. G. ·WARTEN AUF DEN ZUG

II

ARVON · J. L. O.

III

F. LEE · G. S. C. · X. A. B.

ANTWORTEN AUF DEN VIERTEN KNOTEN

Problem: »5 Säcke sind gegeben, von denen die Nummern 1 und 2: 12 Pfund wiegen, die Nummern 2 und 3 wiegen 13 ½ Pfund; die Nummern 3 und 4: 11 ½ Pfund; die Nummern 4 und 5: 8 Pfund und die Nummern 1, 3, 5,: 16 Pfund. Gefragt wird nach dem Gewicht eines jeden Sackes.«

Antwort: »5 ½, 6 ½, 7, 4 ½ und 3 ½.«

Die Summe aller Wägungen, 61 Pfund, enthält Sack Nr. 3 dreimal und alle anderen zweimal. Wenn man zweimal die Summe der ersten und vierten Wägung abzieht, erhält man 21 Pfund für 3 mal Nr. 3, also 7 Pfund für Nummer 3. Demnach ergeben die zweite und die dritte Wägung 6 1/2 Pund und 4 1/2 Pfund für die Nummern 2 und 4; daraus ergibt sich ferner, daß die erste und die vierte Wägung 5 1/2 Pfund und 3 1/2 Pfund für die Nummern 1 bzw. 5 erbringt.

Siebenundneunzig Antworten sind eingegangen. Von diesen bleiben fünfzehn außerhalb jeder Debatte, da sie keine Ausarbeitung enthalten. Ich kann nur ihre Namen aufzählen, und möchte bei dieser Gelegenheit sagen, daß ich hiermit zum letzten Mal die Namen der Teilnehmer angebe, die keinerlei Hinweis auf das Verfahren geben, durch welches ihre Antworten erhalten wurden. Beim Erraten einer Scherzfrage und beim Fangen eines Flohs werden wir von dem atemlosen Sieger nicht erwarten, daß er uns hinterher mit kühlem Verstand eine Darlegung der geistigen oder muskulären Leistungen bietet, durch die er zum Erfolg kam; eine mathemathische Rechnung ist jedoch etwas anderes. Die Namen dieser »stummen, ruhmlosen« Gesellschaft sind COMMON SENSE, D. E. R., DOUGLAS, E. L., ELLEN, I. M. T., J. M. C., JOSEPH, ERSTER KNOTEN, LUCY, SANFT, M. F. C., PYRAMUS, SHAH, VERITAS.

Von den zweiundachtzig Antworten, die den Rechengang oder etwas Annäherndes vorlegen, ist eine falsch: Siebzehn haben Lösungen angegeben, die (aus verschiedenen Gründen) praktisch wertlos sind: Die übrigen vierundsechzig werde ich versuchen zu benoten, je nach dem verschiedenen Grad von Kürze und Klarheit, mit dem sie offenbar vorgegangen sind.

Die einsame falsche Antwort ist von RUT. So »in der Menge allein« zu sein, ist etwas Besonderes – es ist zwar schmerzlich, aber doch etwas Besonderes. Du tust mir leid, meine liebe junge Dame, und mir scheint, ich höre deinen tränenvollen Ausruf, wenn du diese Zeilen liest »Ah! Hier RUT all meine Hoffnung/« Warum – warum nur hast du angenommen, daß der vierte und der fünfte Sack jeweils vier Pfund wöge? Und warum hast du Deine Lösungen nicht noch mal nachgerechnet? Aber – bitte, versuchs noch einmal: Und bitte, ändere dein Pseudonym nicht: Das nächste Mal soll RUT bei den Besten sein!

Die siebzehn, deren Lösungen praktisch wertlos sind, sind ARDMORE, A READY RECKONER, ARTHUR, BOGLARK, BOG-OAK, BRIDGET, ERSTER VERSUCH, J. L. C., M. E. T., ROSE, ROWENA, SEE-WIND, SYLVIA, THISTLEDOWN, DREIFÜNFTEL SCHLAFEND, VENDREDI und WINIFRED. BOG-LARK versucht es mit einer »Probier-Methode«, indem sie erst einmal annimmt, daß die Nummern 1 und 2 je sechs Pfund wiegen, und nachdem sie auf diese Weise 17 $^1/_2$ anstatt 16 erhalten hat – als Gewicht der Nummern 1, 3 und 5, nimmt sie einfach »das überflüssige anderthalb Pfund« weg, erklärt aber nicht, woher sie weiß, wovon sie es wegnehmen muß. DREIFÜNFTEL SCHLAFEND schreibt, es sei ihr (in diesem eigentümlichen Zustand) »völlig klar«, daß »drei der fünf Säcke zweimal gewogen werden und daher $^3/_5$ von $45 = 27$ das Gesamtgewicht der Säcke« sein müsse. Wozu ich – wie der Kapitän – nur sagen kann: »Da bin ich von den Socken«. WINIFRED stellt flehentlich fest, man müsse doch »einen Anfang haben«, und nimmt (ziemlich blindlings, wie ich fürchte) an, daß Nr. 1: 5½ Pfund wöge. Alle übrigen schaffen es, ganz oder teilweise, durch Raten.

Das Problem ist natürlich (wie jeder Algebraiker sofort erkennt) ein Fall von »gleichzeitigen einfachen Gleichungen«. Sie sind jedoch nur durch Rechnen auf einfache Weise lösbar; und in einem solchen Fall ist es nach meiner Meinung schlechtes Handwerk, wenn man eine komplizierte Methode benützt. Dieses Mal habe ich die rein rechnerischen Lösungen nicht höher bewertet; aber bei zukünftigen Aufgaben werde ich (wenn alles andere gleichwertig ist) denen die besten Noten geben, die mit der einfachsten Methode arbeiten. Ich habe diejenigen in Gruppe I eingeordnet, deren Antworten besonders kurz und klar sind, und in Gruppe III diejenigen, bei denen sie besonders lang und umständlich schienen. Von der letzteren Gruppe haben A. C. M., FURZE-BUSH, JAMES, PARTRIDGE, R. W. und AUF DEN ZUG WARTEN lange, umherschweifende Lösungen eingeschickt, wobei die Substitutionen nicht nach einer bestimmten Methode vorgenommen wurden, sondern offensichtlich nur deshalb, um mal zu sehen, was rauskommt. CHILPOME und DUBLIN BOY haben einen Teil der Ausführung ausgelassen. AR-VON MARLBOROUGH BOY findet nur das Gewicht *eines* Sackes heraus.

Notenliste

I

B. E. D. · C. H. · CONSTANCE JOHNSON · GREYSTEAD · GUY · HOO-
POE · J. F. A. · M. A. H. · NUMMER FÜNF · PEDRO · R. E. X. · SIEBEN
ALTE MÄNNER · VIS INERTIAE · WILLY B. · YAHOO

II

AMERIKANISCHER ABONNENT · EINE WOHLGESTIMMTE SCHUL-
FRAU · AYR · KURSBUCH DER ZUKUNFT · CHEAM · C. M. G. · F. H. W.
· FIFEE · G. E. B. · HARLEQUIN · HAWTHORN · HOUGH GREEN · DINA
MITE · DUCKWING · E. C. M. · E. N. LOWRY · ERA · EUROCLYDON
· MAGPIE · MARY · MHRUXI · MINNIE · GELD-DREHER · NAIRAM ·
OLD CAT · POLICHINELLE · J. A. B. · JACK TAR · J. B. B. · KGOVJNI ·
LAND LUBBER · L. D. · SUSIE EINFACH · S. S. G. · THISBE · VERENA ·
WAMBA · WOLFE · WYKEHAMICUS · Y. M. A. H.

III

A. C. M. · ARVON MARLBOROUGH BOY · CHILPOME · DUBLIN BOY
· FURZE-BUSH · JAMES · PARTRIDGE · R. W. · WARTEN AUF DEN ZUG

ANTWORTEN AUF DEN FÜNFTEN KNOTEN

Problem: Bilder sollen mit Notenmarkierungen versehen werden, wobei 2 oder 3 : 3 Kreuze erhalten sollen, 4 oder 5 : 2 Kreuze, 9 oder 10 ein Kreuz erhalten sollen, und 1 oder 2 : 2 Kringel, 3 oder 4 : 2 Kringel und 8 oder 9 : 1 Kringel, und zwar so, daß insgesamt die kleinstmögliche Zahl von Bildern indiziert wird, und diese die größtmögliche Zahl von Zeichen (Kreuze und/oder Kringel) erhalten.

Antwort: 10 Bilder, 29 Zeichen; sie sind folgendermaßen verteilt:

× × × × × × × × × o
× × × × ×   o o o o
× × o o o o o o o o

Lösung: Wenn wir alle überhaupt verfügbaren Kreuze verteilen und die ungewissen Fälle in Klammern setzen, so haben wir 10 Bilder, die folgendermaßen gekennzeichnet sind.

× × × × × × × × × (×)
× × × × (×)
× × (×)

Verteilen wir die Kringel auf dieselbe Weise, wobei wir an der anderen Seite anfangen, dann erhalten wir 9 Bilder, die folgendermaßen gekennzeichnet sind:

                                                  (o) o
                                  (o) o o o
                 (o) o o o o o o o

Jetzt müssen wir nur noch die beiden Keile so nah aneinanderrücken, wie es geht, um die kleinste Zahl der Bilder zu erhalten; dabei radieren wir die ungewissen Zeichen aus, wenn man dadurch die beiden Keile einander noch näherbringen kann; im anderen Fall lassen wir sie stehen. In der 1. Reihe sind alle erforderlichen Zeichen vorhanden, ebenso in der 3. Reihe. Aber in der 2. Reihe sind nur 7 Zeichen. Also radieren wir in der 1. Reihe alle eingeklammerten Zeichen aus, und lassen sie in der 2. Reihe stehen.

Zweiundzwanzig Antworten sind eingegangen. Von diesen ist in 11 keine Ausführung angegeben; entsprechend meiner Ankündigung in meiner letzten Durchsicht von Antworten werde ich sie also ungenannt lassen, und lediglich die 5 richtigen und die 6 falschen aufführen. Von den 11 Antworten, die mit einer Ausarbeitung versehen sind, sind 3 falsch. C. H. fängt mit der vorschnellen Versicherung an, unter den gegebenen Bedingungen sei »Die Summe unmöglich«. »Denn,« so fügt sie hinzu (mit diesen Briefschreibern mit Anfangsbuchstaben kann man nur schrecklich ungenau verfahren: Vielleicht wäre »es« ein besseres Pronomen), »10 ist die kleinstmögliche Zahl der Bilder« (zugegeben): »deshalb müssen wir entweder sechsen 2 Kreuze oder fünfen 2 Kreuze geben«. Warum »müssen«, oh Buchstabengeist! Nirgendwo ist verordnet, daß jedes Bild 3 Zeichen haben »muß«! FIFEE schickt eine Lösung, die ein ganzes Blatt füllt; sie würde ein besseres Schicksal verdienen. Sie bietet 3 Antworten an, wobei in jeder 10 Bilder bezeichnet werden, und zwar mit 30 Zeichen; in der einen gibt sie sechs Bildern 2 Kreuze; in einer anderen Antwort 7; und in der dritten Antwort gibt sie 5 Bildern 2 Kringel; in jedem Fall also werden die Bedingungen nicht beachtet. (Ich unterbreche mich hier und stelle fest, daß die Bedingung »2 Kreuze an 4 oder 5 Bildern nur bedeuten kann: *entweder* an 4 *oder* an 5«: falls es, wie ein Einsender meint, *irgendeine* Nummer, die nicht kleiner ist als 4 bedeuten würde, so wären die Worte »oder 5« überflüssig.) I. E. E. (zum Glück kann ich feststellen, daß keines dieser blutleeren Phantome dieses Mal in der Notengruppierung auftaucht. Ist es vielleicht eine IDEE mit ausgelassenen »D«?) gibt 6 Bildern 2 Kreuze. Sodann hält sie mir vor, daß ich das Wort »Kringel« benutze, anstatt »Ringe«. Zweifellos muß dieses Wort für jemanden, der auf die Art gegen die Regeln rebelliert, die zu seiner Anleitung gemacht worden sind, abstoßend seien, aber, wie wär's, wenn I. E. E. sich mal an den entsprechenden Fall der »Kreise« erinnerte? Dieses Wort war ursprünglich mal eine »Reise« gewesen, aber nachdem diese so lange auf dem Weg gewesen war, und gar kein Ende nehmen wollte, hat sie sich irgendwo ein »K« aufgegabelt, und von da an ging es wenigstens nicht mehr geradeaus weiter, sondern – im »Kreise«. Jedenfalls ist »Kringel und Kreuze« ein sehr altes Spiel. Und ich glaube nicht, daß irgendjemand es schon mal »Ringe und Kreuze« genannt hat.

Wenn wir jetzt zu der Notengruppierung kommen, so hoffe ich, die einsame Bewohnerin von Nr. III wird recht bescheiden ihre Krallen einziehen, wenn sie vernimmt, mit wie knapper Not sie der völligen Nicht-Erwähnung entgangen ist. Ihre Darstellung des Verfahrens, durch das sie ihre Antwort erhalten hat, ist so kümmerlich, daß sie, wie in der Kindergeschichte vom »Däumling« gerade eben noch sichtbar ist.

Notenliste
I
GUY · OLD CAR · WEE'WIND
II
AYR · BRADSHAW OF THE FUTURE · F. LEE · H. VERNON
III
KATZE

ANTWORTEN AUF DEN SECHSTEN KNOTEN

Problem 1: A und B gingen in das Jahr mit jeweils 1000 £. Sie liehen sich nichts; sie stahlen auch nichts. Am folgenden Neujahrstag besaßen sie zusammen 60 000£. Wie haben sie das gemacht? Antwort. – An diesem Tag gingen sie zur Bank von England und setzten sich auf eine Bank über dem Tresorraum.

Es sind zwei Antworten eingegangen, beide sehr ehrenwert. ADDLEPATE läßt sie »0« leihen und »0« stehlen, indem sie »00« an das rechte Ende der 1000£ anhängt; sie bekommt dadurch 100 000£, und das ist ziemlich übers Ziel hinaus. Aber (oder, um es lateinisch zu sagen) AT SPES INFRACTA hat es sogar noch geistreicher gelöst: Mithilfe der ersten »0« verwandelt sie die »1« der 1000£ in eine »9«, zählt das Ergebnis zu der Anfangssumme und erhält dadurch 10 000£; darin nun verwandelt sie die »1« mittels der anderen »0« in eine 6, und kommt damit genau auf die 60 000.

Notenliste

I

AT SPES INFRACTA

II

ADDLEPATE

Problem 2. L macht 5 Shawls, während M zwei macht: Z macht 4 während L 3 macht. 5 Shawls von Z wiegen soviel wie einer von L; 5 von M wiegen wie 3 von Z.

Einer von M ist so warm wie 4 von Z; und einer von L ist so warm wie 3 von M. Welcher Shawlmacher ist der beste, wenn man Geschwindigkeit der Arbeit, Leichtigkeit und Wärme mit gleichem Gewicht bewertet?
Antwort: Die Reihenfolge ist M, L, Z.

Lösung: Was die Geschwindigkeit betrifft (wenn man alle anderen Faktoren konstant läßt), so ist L's Qualität im Verhältnis zu M wie 5 : 2; Z's zu L's wie 4 : 3. Um eine Zahlengruppe zu erhalten, die diesen Verhältnissen genügt, ist es am einfachsten, wenn man eine Zahl, die zweimal vorkommt, als Einheit nimmt, und die anderen zu Bruchteilen herunterrechnet. Dadurch bekommt man für L, M und Z die Noten 1, $1/5$ und $4/3$. Wenn man die Leichtigkeit (im Gewicht des Shawls) bewertet, so stellen wir fest: je größer das Gewicht ist, desto geringer ist die Qualität, die Qualität von Z verhält sich dann zu der von L wie 5 : 1

Die Noten für Leichtigkeit sind also $1/5$, $5/3$ und 1. Entsprechend sind die Noten für die Wärme: 3, 1 und $1/4$. Um das Gesamtergebnis zu bekommen, müssen wir die drei Noten von L mit einander multiplizieren, und für M und Z müssen wir dasselbe tun. Die Schlußergebnisse sind $1 \times 1/5 \times 3$, $2/5 \times 5/3 \times 1$, $4/3 \times 1 \times 1/4$; d. h. $3/5$, $2/3$, $1/3$; d. h. wenn wir nun überall mit 15 multiplizieren, (wobei wir die Verhältnisse nicht ändern): 9, 10 und 5, woraus sich die Reihenfolge der Qualität mit M, L, Z ergibt.

Es sind neunundzwanzig Antworten eingegangen, von denen fünf richtig und vierundzwanzig falsch sind. Diese

Unglücklichen sind alle (bis auf drei) einem Denkfehler aufgesessen, indem sie die Proportionszahlen für jeden Konkurrenten *addiert* haben, anstatt sie zu multiplizieren. *Warum* das letztere richtig ist, und nicht das erstere, wird in den Lehrbüchern gründlich bewiesen; ich will also mit der Wiederholung nicht unnötig Zeilen füllen. Man kann es jedoch sehr leicht anhand eines Falles von Länge, Breite und Tiefe *veranschaulichen*. Nehmen wir an, A und B veranstalten einen Wettstreit im Graben rechteckiger Behälter: offensichtlich mißt man die aufgewandte Arbeit durch die Zahl der *Kubikfuß,* die ausgegraben wurden. Sagen wir, daß A einen Schacht von 10 Fuß Länge, 10 Fuß Breite und 2 Fuß Tiefe gegraben, und daß B einen von 6 Fuß Länge, 5 Fuß Breite und 10 Fuß Tiefe gemacht hat. Der Kubikinhalt ist dann 200 und 300, d. h. B ist im Verhältnis 3 : 2 der bessere Ausschachter. Nun versucht einmal, die Leistung nach Länge, Breite und Tiefe getrennt zu benoten, wobei dem Besten im Wettstreit eine Höchstnote von 10 gegeben werden kann, und dann die Ergebnisse zu addieren!

Von den vierundzwanzig Übeltätern gibt einer keine Ausführung an, er hat also keinen wirklichen Anspruch, genannt zu werden; für dieses Mal will ich jedoch die Regel brechen, mit Rücksicht auf den Erfolg bei Frage 1: Er, oder sie, oder es ist ADDLEPATE. Die übrigen dreiundzwanzig können in fünf Gruppen unterteilt werden.

Die ersten und schlechtesten sind nach meiner Ansicht die, welche den wirklichen Gewinner an die letzte Stelle setzen, indem sie sie in der Folge »Lolo, Zuzu, Mimi« aufführen. Die Namen dieser hoffnungslosen Missetäter sind AYR, KURSBUCH DER ZUKUNFT, FURZE-BUSH und POLLUX (die letzteren schickten zusammen eine Antwort), GREYSTEAD, GUY, ALTE HENNE, und SUSIE EINFACH. Die letztere *war einmal* die Beste von allen; die Alte Henne hat ihr einfaches Gemüt ausgenutzt und hat sie mit demselben Häckerling hereingelegt, der ihre eigene Kükenheit verbittert hat.

Als zweites richte ich den Finger der Mißbilligung auf jene, welche den schlechtesten Kandidaten obenangestellt haben, indem sie sie so aufgereiht haben: »Zuzu, Mimi, Lolo«. Es sind GRAECIA, M. M., ALTE KATZE, und R. E. X. »Zwar ist dies Griechenland, doch . . .«

Die dritte Gruppe hat beide Extreme vermieden; sie haben sogar den Schlechtesten erfolgreich an die letzten Stellen placiert, so daß ihre Antwort lautete: »Lolo, Mimi, Zuzu.« Ihre Namen sind AYR, CLIFTON C., V. A., FIFEE, GRIG, JANET, und Mrs. SAIREY GAMP. V. A. hat nicht den sonst üblichen Fehler gemacht; sie multipliziert die Verhältniszahlen, die sie erhalten hat, aber eben dabei geht sie in die Irre, indem sie Wärme als ein *negatives* Qualitätsmerkmal ansieht. Vielleicht ist sie »Vrisch angebrannt« oder sie kommt »VON ADEN«. Auch JANET und Mrs. SAIREY GAMP haben den obigen Irrtum vermieden: die Methode, die sie gewählt haben, ist von Geheimnis umwölkt – ich fühle mich kaum befähigt, sie zu kritisieren. Mrs. GAMP sagt »falls ZUZU 4 macht, während Lolo 3 macht, so macht Zuzu auch 6 während Lolo 5 macht (falsche Logik), während Mimi 2 macht. Daraus leitet sie ab »daher ist sie in der Geschwindigkeit um 1 besser;« (d. h. verglichen mit Lolo; aber wie steht's mit Mimi?).

Sodann vergleicht sie die drei Arten von Leistung, die auf dieser geheimnisvollen Waage gewogen worden sind. JANET leitet aus der Feststellung, daß »Lolo 5 macht, während Mimi 2 macht« den Beweis ab, daß »Lolo 3 macht, während Mimi 1 und Zuzu 4 machen« (eine noch schlimmere Logik als die von Mrs. GAMP), und schließt daraus, daß »Zuzu in der Geschwindigkeit um $1/8$ besser sei!«. JANET müßte eigentlich ADELINE sein, »Geheimnis der Geheimnisse!«

Die vierte Gruppe setzt Mimi wirklich obenan, und gibt die Reihenfolge mit »Mimi, Zuzu, Lolo« an. Es sind MARQUIS & CO, MARTREB, S. B. B. (der erste Buchstabe ist kaum leserlich, könnte »J« bedeuten) und STANZA.

Die fünfte Gruppe besteht aus ANTIKER FISCH und CAMEL. Diese schlecht zusammenpassenden Genossen haben sich mit Händen und Füßen zur richtigen Antwort hingestrampelt, aber ihr Verfahren ist falsch, und daher hat sie natürlich keine Gültigkeit. »ANTIKER FISCH« hat auch sehr altertümliche und fischige Vorstellungen davon, wie die Zahlen die Qualität ausdrücken: sie schreibt »Lolo ist 2 $1/2$ besser als Mimi«. Zweieinhalb von *was?* Fisch, Fisch, tust du deinen Dienst?

Von den fünf Gewinnern werte ich BALBUS und DER ÄLTERE REISENDE etwas geringer als die anderen drei – BALBUS wegen mangelhafter Überlegung, und den letzteren wegen lässiger Arbeit. BALBUS liefert zwei Gründe für die Feststellung, daß das *Addieren* der Noten *nicht* die richtige Methode ist, und fügt dann hinzu: »daraus ergibt sich, daß das Endergebnis ermittelt werden muß, indem man die Einzelnoten miteinander *mul-*

tipliziert.« Das ist nicht viel logischer, als wenn man sagt »Jetzt ist's nicht Frühling, *also muß* es Herbst sein.«

Notenliste
I
DINA MITE · E. B. D. L. · JORAM
II
BALBUS · DER ÄLTERE REISENDE

Im Bezug auf den fünften Knoten möchte ich mein tiefstes Bedauern gegenüber VIS INERTIAE und anderen ausdrücken, die, ebenso wie sie, die Bedingungen so verstanden hatten, daß *jedes* Bild *drei* Zeichen bekommen müsse: Es tut mir leid, daß der unglückliche Satz *»Fülle die Felder mit Kringeln und Kreuzen«* sie soviel unnütze Zeit und Mühe gekostet hat. Ich kann nur wiederholen, daß die *buchstäbliche* Bedeutung von »fülle« nach *meiner* Meinung erfordert, daß *jedes* Bild in der Galerie mit Zeichen versehen wird. VIS INERTIAE wäre in der ersten Gruppe gewesen, wenn sie die Antwort eingesandt hätte, die sie nun zu bieten hat.

ANTWORTEN AUF DEN SIEBTEN KNOTEN

Problem: 1 Glas Limonade, 3 belegte Brote und 7 Kekse kosten zusammen 1 s, 2 d;★ 1 Glas Limonade, 4 belegte

---

★ Brit. Währungseinheit bis 1971: 1 £ = 20 s (shillings) = 12 d (pence)

Brötchen und 10 Kekse kosten 1 s, 5 d; berechne den Preis von 1) 1 Glas Limonade, einem belegten Brötchen und 1 Keks; und 2) von 2 Glas Limonade, 3 belegten Brötchen und 5 Keksen.

Antwort: 1) 8d; 2) 1s., 7 d.

Lösung: Dies wird am besten algebraisch gelöst. x sei der Preis (in Pence) eines Glases Limonade, y eines belegten Brotes, und z oder eines Keks. Dann müssen x + 7y + 7z = 14 ergeben, und x + 4y + 10 z = 17. Nun wollen wir den Wert von x + y + z und von 2x + 3y + 5z wissen. Nun können wir aber aus nur 2 Gleichungen nicht die Werte von 3 Unbekannten ermitteln; bestimmte Kombinationen der drei Unbekannten können wir jedoch herausfinden. Wir wissen auch, daß wir, mithilfe der gegebenen Gleichungen, 2 der 3 Unbekannten, deren Wert gefordert wird, herausbekommen können, so daß nur noch eine übrig bleibt. Wenn dann der geforderte Wert überhaupt festzustellen ist, so nur, indem die dritte Unbekannte von selbst verschwindet; sonst ist das Problem unlösbar.

Wir wollen also die Limonade und die Brötchen verschwinden lassen, und alles auf die Kekse reduzieren – eine Sachlage, die sogar noch deprimierender ist, als »wenn die ganze Welt Apfelkuchen wäre«; hierzu subtrahieren wir die erste Gleichung von der 2., wodurch die Limonade verschwindet, und man y + 3z = 3, oder y = 3 − 3z erhält, und setzen diesen Wert in die erste Gleichung ein, wodurch sich x - 2z = 5, d. h. x = 5 + 2z ergibt. Wenn wir diese Werte von x und y nun bei den

Mengen einsetzen, deren Werte gefragt sind, so wird die erste (5 + 2z) + (3 - 3z) + z, d. h.8, und die zweite verwandelt sich in 2 (5 + 2z) + 3 (3 - 3z) + 5z, d. h.: 19. Demnach lauten die Antworten zu 1): 8d, und zu 2) 1s, 7d.

Die obengenannte ist eine allgemein anwendbare Methode, d. h. durch sie erhält man mit absoluter Sicherheit eine Lösung, oder man kann beweisen, daß keine Antwort möglich ist. Das Problem kann auch gelöst werden, indem man die Mengen, deren Werte gegeben sind, kombiniert, und zwar so, daß die geforderten Werte herauskommen. Das ist nur eine Sache der Geschicklichkeit und von Glück; und da sie fehlschlagen *kann,* sogar wenn das Problem lösbar ist, hat sie keinen Wert, um nachzuweisen, daß ein Problem unmöglich ist, ich kann also die Methode auch nicht mit der vorherigen als gleichwertig ansehen. Sogar wenn sie funktioniert, kann es sich als ein sehr mühsames Unternehmen erweisen. Nehmen wir an, die 26 Teilnehmer, die solche *zufälligen* Lösungen, wie ich sie nennen möchte, eingesandt haben, hätten eine Frage vor sich, worin jede Zahl 8 oder 10 Stellen enthielte! Ich vermute, das wäre dann ein Fall von »zu Silber ward sein Rabenhaar« (siehe »Patience«), bevor irgendeine Lösung selbst von dem geschicktesten von ihnen erreicht worden wäre.

Fünfundvierzig Antworten sind eingegangen, von denen 44 erfreulicherweise so etwas wie eine Ausführung enthalten, so daß sie verdienen, beim Namen genannt zu werden, und Anrecht auf eine Diskussion ihrer Vorzüge oder auch Mängel haben. Dreizehn haben Annahmen gemacht, zu denen sie keine Berechtigung haben, und also können sie in der Noten-Gruppierung nicht erscheinen, obgleich die Antwort, in 10 von 12 Fällen richtig ist. Von den restlichen 28 haben nicht weniger als 26 »Zufallslösungen« eingeschickt, und können deshalb der höchsten Ehren nicht teilhaftig werden.

Ich werde jetzt die einzelnen Fälle behandeln, wobei ich, meiner Gewohnheit entsprechend, die Schlimmsten am Anfang nehme.

FROGGY gibt keine Ausführung – jedenfalls ist das folgende alles, was er angibt: Nachdem er die gegebenen Gleichungen anführt, sagt er »daraus ergibt sich die Differenz, 1 Brötchen + 3 Biscuits = 3d«. Dann folgen die Summen der unbekannten Rechnungen, mit keiner weiteren Andeutung, wie er sie erhalten hat. FROGGY ist gerade eben dran vorbei gekommen, überhaupt nicht genannt zu werden!

Von denen, die falsch sind, hat VIS INERTIAE eine teilweise unrichtige Ausführung eingeschickt. Höret die schreckliche Mär und erschauert! Sie nimmt x (ihr könnt es y nennen) als Preis eines Brötchens, schließt daraus (durchaus richtig), daß ein Keks $\frac{3-y}{3}$ kostet. Sodann zieht sie die zweite Gleichung von der ersten ab, und zwar so: $3y + 7 \times \frac{3-y}{3} - 4y + 10 \times \frac{3-y}{3} = 3$! Indem sie in dieser Zeile zwei Fehler macht, bekommt sie $y = 3/2$ heraus. Versuch's noch einmal VIS INERTIAE! Fort mit der INERTIAE: laß ein wenig mehr VIS einströmen; dann bekommst du das richtige (wenn auch uninteressante) Ergebnis $0 = 0$! Das wird dir zeigen, daß es hoffnungslos ist, irgendeine der

3 Unbekannten dahin zu kriegen, daß sie ihre individuelle Größe preisgeben. Der andere Teilnehmer, der durchweg falsch rechnet, ist entweder J. M. C oder T. M. C: Aber, ob es nun ein Jugendlicher Mathe-Clown ist oder ein Tumber Murks Caesar, er erhält die Antworten 7d und 1s 5d. Er vermutet mit zu viel Vertrauensseligkeit, daß die Kekse ½d jeweils kosten, und daß Clara 8 bezahlt hat und nur 7 gegessen hat!

Nun befassen wir uns mit den 13, deren Ausführung falsch ist, obgleich die Antwort richtig ist: In dem ich ihre Schwächen nicht allzu genau werte, nehme ich sie in alphabetischer Reihenfolge dran. ANITA findet (richtig), daß »1 Brötchen und 3 Kekse 3d kosten«, und fährt dann fort »deshalb kostet ein Brötchen 1 ½d., 3 Kekse = 1 ½d und 1 Limonade = 6d«. DINA MITE fängt an wie ANITA, und beweist dann (richtig), daß ein Keks weniger als ½d kosten muß. F. C. W. hat sich so nett schon auf das Urteil »schuldig« eingerichtet, daß ich kaum den Mut habe, das Wort herauszubringen, ohne hinzuzufügen: »wird aufgrund besonderer Umstände zur Begnadigung empfohlen«. Nun höre einmal: Wo sind denn hier besondere Umstände? Sie beginnt mit der Annahme, daß ein Glas Limonade 4d kostet, die Brötchen je 3d (wodurch sie mittels zweier Gleichungen mit drei armseligen Unbekannten *vier* Bedingungen erfüllt). Nachdem sie sich dann (natürlicherweise) in Widersprüche verwickelt hat, versucht sie es mit 5d und mit 2d, mit ähnlichen Ergebnissen. (N. B. *Dieses* Verfahren hätte durch das ganze TERTIÄR hindurch fortgesetzt werden können, ohne ein einziges Riesenfaultier zu erzeugen). Darauf versucht sie es, nach einem »glücklichen Einfall«, mit Keksen für einen halben Penny, und erreicht so die passenden Ergebnisse. Das wäre vielleicht eine gute Lösung, wenn man das Problem als Scherzfrage betrachtete: Sie ist aber *nicht* wissenschaftlich. JANET setzt die Brötchen mit den Keksen gleich: »Ein Brötchen + 3 Kekse« ergibt, wie sie meint »4«. Vier *von was?* MAYFAIR gibt die erstaunliche Versicherung, daß die Gleichung $s + 3b = 3$ offensichtlich nicht durch $s = 3/2$, $b = 1/2$ erfüllt werden kann! ALTE KATZE meint, die Annahme, daß ein Brötchen $1\ 1/2 d$ kostet »sei die einzige Möglichkeit, Brüche zu vermeiden, mit denen man nicht fertig wird«. Aber *warum* sollen sie vermieden werden? Verleiht denn nicht gerade die Zähmung eines solchen Bruches den Strahlenkranz des Triumphes? »Meine Damen und Herren, der Bruch, den sie hier vor sich haben, ist von einer Sorte, die jahrelang allen Bemühungen der Zähmung widerstanden hat: Er war, mit einem Wort, hoffnungslos *ordinär!* Sofern man ihn als kreisende Dezimale (für Brüche eine Banalität) behandelt, wird die Sache nur noch schlimmer. Als letzte Rettung habe ich ihn auf seinen kleinsten Nenner gebracht und seine Quadratwurzel gezogen!« Doch Scherz beiseite, ich möchte der ALTEN KATZE für die sehr freundlichen Worte des Mitgefühls danken, im Zusammenhang mit einem Briefschreiber (dessen Namen ich glücklicherweise vergessen habe), der mir vorwarf, ein unhöflicher Kritiker zu sein. O. V. L. ist für mich jenseits jeder Verständnismöglichkeit. Er nimmt die gegebenen Gleichungen 1) und 2): Sodann, nach dem Verfahren $[(2) - (1)]$ leitet er (richtig) die Gleichung 3) ab, also s + 3b = 3; daraus wieder leitet er mit seiner Methode (×3) : 3s + 4b = 4 ab (ein hoffnungsloses Mysterium). Ich kann darüber nichts sagen, ich geb's auf. SEE-WIND schreibt »es ist unwesentlich anzugeben« (warum?), in welchem Verhältnis 3d zwischen dem Brötchen und den 3 Keksen aufgeteilt wird«; also nimmt sie an s = 1½d, und b = ½d. STANZA gehört zu denen mit sehr unregelmäßigem Metrum. Zuerst setzt sie Brötchen mit Keksen gleich (wie JANET). Dann versucht sie es mit zwei Annahmen (s = 1, b = ⅔ und s = ½, b = ⅚), und gerät (naturgemäß) in Widersprüche. Sodann kehrt sie zu der ersten Annahme zurück, und findet 3 einzelne Unbekannte: quod est absurdum. STILLETTO setzt die Brötchen mit den Keksen gleich, als »Artikel«. Wird dieses Wort je von Konditoren benutzt? Ich dachte immer »Welchen Artikel wünschen Sie noch, Madame?« beschränke sich auf Kurzwarenhändler. ZWEI SCHWESTERN nehmen erst an, daß 4 Kekse einen Penny kosten, und dann, daß 2 einen Penny kosten, wobei sie hinzufügen, »die Antwort wäre natürlich in beiden Fällen die gleiche«. Es ist eine traumhafte Feststellung; man bekommt ein Gefühl dabei, wie Macbeth, der nach dem geisterhaften Dolch greift. »Ist dies eine Feststellung von mir?« Wenn du sagen würdest: »Heute morgen sind wir beide denselben Weg gegangen« und *Ich* sagen würde »*einer* von euch ging denselben Weg, der andere nicht« – bei wem von uns dreien wäre dann die Verwirrung am hoffnungslosesten? TURTLE PYATE (Was bitte ist eine TURTLE PYATE?) und ALTE KRÄHE, die zusammen eingeschickt haben, und Y. Y. benutzen dieselbe Methode. Y. Y. erhält die Gleichung s + 3b = 3, und schreibt dann: Diese Summe muß nun auf eine der folgenden Arten aufgeteilt werden.« Ich gestehe dir zu, daß man es *könnte*. Aber hast du wirklich gesagt – Y. Y. – Yoyo – hast du gesagt: »muß«? Ich fürchte, etwas Unentschiedenes paßt auf deine »Auf-Ab«-Verfassung viel besser. Die anderen beiden Verschwörer sind nicht so kategorisch. Sie sagen, es »*kann*« auf diese Weise aufgeteilt werden; aber dann fügen sie hinzu: »jeder der drei Preise sind dann richtig.« Oh ihr sonderbaren Vögel: Das ist schlechte Grammatik und obendrein noch schlechtes Rechnen!

Von denen, die die preiswürdigen Noten erreicht haben, muß THE SHETLAND ANARK ganz allein die dritte Klasse bekommen. Er hat nur die Hälfte der Frage beantwortet, nämlich den Preis von Claras Essen; die beiden kleinen Damen läßt er ohne Mitleid mitten in ihrer »Schwierigkeit« sitzen. Ich möchte ihm übrigens versichern (und bedanke mich für seine freundlichen Bemerkungen), daß Eintrittsgebühren und Abonnements im Club der »Knoten-Aufdrösler«, diesem preiswertesten aller Clubs, unbekannt sind.

Die Hersteller der 26 »Zufalls-Lösungen« unterscheiden sich nur durch die Anzahl der Schritte, die sie von den vorgegebenen Zahlen bis zum Endresultat gebraucht haben. Um ihnen volle Gerechtigkeit widerfahren zu lassen, habe ich die 2. Klasse in Untergruppen eingeteilt, die sich nach der Zahl der Schritte ergeben. Die beiden Könige sind schrecklich umständlich! Ich nehme an, daß rasches Vorgehen, oder Abkürzungen, mit königlicher Würde unvereinbar sind. Wenn ich die Lösung von

THESEUS lese, so habe ich den Eindruck, daß er nur die Zeit herumbringen, aber keinerlei Fortschritt machen wollte. Der andere König wird mir hoffentlich verzeihen, daß ich aus »Coal« »Cole« gemacht habe. König Coiles oder Coil, hat offenbar kurz nach König Arthur regiert. Henry of Huntingdon identifiziert ihn als jenen König Coel, der als erster Mauern um die Stadt Colchester baute, die nach ihm benannt wurde. In der Chronik des Robert von Gloucester lesen wir:
»Nach König Aruiag, von dem wir schon geplaudert haben
Kam sein Sohn Marius, kühn und mit starken Herrschergaben
Und dessen Sohn Coil war der nächste im Königtum
Männer waren sie beide mit mächtig viel Ritterruhm«
BALBUS hat als allgemeines Prinzip behauptet: wenn man den Preis irgendeines Mittagessens ermitteln will, sollte dies mittels zweier verschiedener Annahmen zum selben Ergebnis gelangen. (Frage: Sollte es nicht statt »dies« – »man« heißen? Sonst würde ja das *Mittagessen* seinen eigenen Preis ermitteln!) Darauf macht er zwei Annahmen: Eine, daß Brötchen nichts kosten, und die andere, daß die Kekse nichts kosten (jeder der beiden Vorschläge würde eine unangenehme Überfüllung des Lokals zur Folge haben). Aufgrund jeder der beiden Annahmen erhält er Essensrechnungen von 8d und 19d. Daraus leitet er nun ab, die Übereinstimmung der Ergebnisse »zeige an, daß die Lösungen richtig sind«. Ich werde dieses allgemeine Gesetz widerlegen, indem ich einfach *einen* Fall angebe, in dem es versagt. Ein Beispiel reicht völlig aus.

In der Sprache der Logik genügt es zur Widerlegung einer »allgemeinen Feststellung«, wenn man ihr Gegenteil beweist; und dieses Gegenteil ist eine »partielle Verneinung«. (Ich unterbreche mich hier, und stelle eine kleine logische Betrachtung an – vor allem der weiblichen Logik. Die allgemeine Feststellung »Jeder sagt, er ist eine Ente« wird augenblicklich zunichte gemacht, wenn man den Beweis für eine partielle Gegenbehauptung gibt: »Peter sagt *nicht,* er sei eine Ente«. Die allgemeine Negation »Niemand besucht sie« wird durch die positive Mit*tei*lung ohne weiteres aufgewogen: »*Ich besuchte* sie gestern«. Kurz und gut, jede der beiden Gegensätzlichkeiten widerlegt die andere; und die Moral ist, daß ein eingeschränkter Vorschlag sehr viel leichter bewiesen werden kann, als ein allgemeiner, und es die klügste Methode ist, bei einem Streit mit einer Dame die eigenen Behauptungen auf spezielle Fälle zu beschränken, und es *ihr* zu überlassen, das *allgemeine* Gegenteil zu beweisen – wenn sie es kann. Auf diese Weise kannst du im allgemeinen einen *logischen* Sieg erringen: Einen *praktischen* Sieg kann man nicht erhoffen, da sie immer wieder auf die vernichtende Bemerkung zurückkommen kann: »aber *das* hat doch damit gar nichts zu tun!« – eine Taktik, auf die der Mensch bisher noch keine befriedigende Antwort entdeckt hat. Aber zurück zu BALBUS.) Hier ist meine partielle Verneinung, mit der die Regel geprüft werden kann. Nehmen wir an, man hat zwei Mahlzeiten registriert, bestehend aus 2 Hörnchen, eine Prinzessinnentorte, 2 umbackene Würstchen und eine Flasche ZOE-DONE – zusammen für 1 Shilling neun Pence und ein

Hörnchen, 2 Prinzessinnentorten, ein umbackenes Würstchen und eine Flasche Zoedone: zusammen 1 Shilling 4 Pence. Nehmen wir ferner an, Clara's unbekannte Mahlzeit habe bestanden aus 3 Hörnchen, einer Prinzessinnen-Torte, einem umbackenen Würstchen und 2 Flaschen Zoedone«, während die beiden Schwestern sich an »8 Hörnchen, 4 Prinzessinnentorten, 2 umbackenen Würstchen und 6 Flaschen Zoedone« erlabt haben (Die Armen! wie durstig müssen sie gewesen sein!). Nun soll BALBUS freundlicherweise daran sein Prinzip der »Zwei Annahmen« ausprobieren, indem er zuerst annimmt, ein Hörnchen koste 1d, ein Prinzessinnen-Törtchen 2d, und darauf, daß ein Hörnchen 3d kostet und ein Prinzessinnentörtchen 3d; Auf diese Weise wird er mit jeder der beiden Annahmen, den Gegenwert der anderen beiden Mahlzeiten, herauskriegen, und zwar: 1 Shilling 9 Pence bzw. 4 Shilling zehn Pence; dann wird er sagen, diese Übereinstimmung der Ergebnisse »zeigte, daß die Antworten richtig sind.« Und doch haben, in Wirklichkeit, die Hörnchen 2d gekostet, die Prinzessinnentorte 3d, die umbackenen Würstchen 6d und das Zoedone 2d pro Flasche: Also hat Claras dritte Mahlzeit ein Shilling 7 Pence gekostet und ihre durstigen Freundinnen haben 4 Shilling 4 Pence ausgegeben!

Ich möchte noch eine andere Bemerkung von BALBUS zitieren und diskutieren; ich glaube nämlich, daß einige meiner Leser etwas daraus lernen können. Er schreibt: »Im wesentlichen ist es dasselbe, ob wir ein Problem mit Worten lösen und es »Rechnen« nennen, oder ob wir Buchstaben benutzen, und nennen es »Algebra«. Das erscheint mir nicht als die richtige Beschreibung der beiden Verfahren: Die arithmetische Methode ist nur eine »synthetische«; sie schließt von einer bekannten Tatsache auf eine andere, solange, bis sie zum Ziel gelangt ist; dagegen ist das algebraische Verfahren ein »analytisches«: Es fängt mit dem Endpunkt an, der durch Symbole ausgedrückt wird, und arbeitet sich von da aus rückwärts, wobei es das verschleierte Opfer mit sich schleppt, bis es das volle Tageslicht der erkannten Tatsachen erreicht hat; dann kann es den Schleier abreißen und sagen: »Ich kenne dich!«

Nehmt ein anschauliches Beispiel. In euer Haus ist eingebrochen worden, es wurde ausgeraubt; und nun wendet Ihr euch an den Polizisten, der in dieser Nacht dort Dienst hatte. »Naja Ma'am, ich hab schon einen Kerl über Ihre Gartenmauer klettern gesehn, aber es war ein schönes Stück weg, deshalb hab ich ihn nicht verfolgt; Ich habe eine Abkürzung zur Station genommen, und wer kam mir da entgegen: Bill Sykes, der in vollem Galopp um die Ecke lief. Na, da hab ich ihn angehalten und gesagt »Bursche, du bist verhaftet« – das ist alles, was ich sage. Und er sagt »Ich komm schon mit, Bobby«, sagt er, »ohne Sperenzchen«, sagt er«. Bitte, da habt ihr den *arithmetischen* Polizisten. Jetzt versuchen wir die andere Methode: »Ich hab ein' laufen gesehn, aber der war längst weg, wie ich in die Nähe kam. Ich hab die Fußspuren festgestellt, wo der Bursche direkt durch Euere Blumen-Beete durch is. War'n bestimmt schöne große Fußspuren. Und ich merkte, daß der linke Fuß an der Hacke ein bißchen tiefer einsank, immer ein bißchen tiefer als der andere. Und da hab ich zu mir gesagt: »Der Bursche ist ein Riesen-Schrank von einem Kerl: und er hinkt mit dem linken Fuß.« Und dann wisch ich mit der Hand an der Mauer, wo er rüber is, und da war Ruß dran, kein Zweifel. Also sage ich zu mir »Wo kenne ich jetzt einen großen Mann, aus der Kaminfeger-Zunft, und der mit ei'm Fuß hinkt?« Und gleich geht mir ein Licht auf: un ich sage: »Das is Bill Sykes!« sage ich – da habt Ihr euren algebraischen Polizisten – nach meiner Meinung ein Exemplar von größerer Denkkraft als der erste.«

LITTLE JACK'S Lösung muß ein Wort des Lobes bekommen, denn er hat etwas geschrieben, was auf einen algebraischen Beweis *in Worten* hinausläuft, ohne daß er seine Worte in eine Gleichung bringt. Wenn er selbst drauf gekommen ist, so wird er später mal ein guter Algebraiker. Ich möchte SUSAN EINFACH für freundliche Worte der Zuneigung danken, und auch den entsprechenden Worten von OLD CAT.

HECLA und MARTREB sind die einzigen, die eine Methode benutzt haben, die mit Sicherheit entweder die Lösung ergibt, oder den Beweis, daß eine Lösung unmöglich ist: Sie müssen sich also den Ehrenplatz der Besten teilen.

Notenliste

I

HECLA · MARTREB

II

§ 1 (2 Schritte) – ADELAIDE · CLIFTON C. · E. K. C. · GUY ·

L'INCONNU · LITTLE JACK · NIL DESPERANDUM · SUSAN EINFACH
· YELLOW-HAMMER · WOOLY ONE
§ 2 (3 Schritte) – A. A. · A CHRISTMAS CAROL · AFTERNOON TEA
· AN APPRECIATIVE SCHOOLMA'AM · BABY · BALBUS · BOG-OAK ·
THE RED QUEEN · WALL-FLOWER
§ 3 (4 Schritte) – HAWTHORN · JORAM · S. S. G.
§ 4 (5 Schritte) – A STEPNEY COACH
§ 5 (6 Schritte) – BAY LAUREL · KURSBUCH DER ZUKUNFT
§ 6 (9 Schritte) – OLD KING COLE
§ 7 (14 Schritte) – THESEUS

ANTWORTEN AUF DEN SIEBTEN KNOTEN

Antworten an die Teilnehmer.

Ich habe mehrere Briefe bekommen, die sich auf den zweiten und den sechsten Knoten bezogen, so daß mir einige weitere Erklärungen angebracht erscheinen.

Im zweiten Knoten hatte ich die Numerierung der Häuser so vorgehabt, daß sie an einer Ecke des quadratischen Platzes beginnt, und dies wurde auch von den meisten, aber nicht von allen Teilnehmern vorausgesetzt. Aber TROJANUS schreibt: »Wenn wir, in Ermangelung näherer Angaben, annehmen, daß die Straßen in der Mitte jeder Seite in den Platz einmünden, so kann man annehmen, daß die Numerierung an einer Straßenmündung beginnt.« Doch die andere ist doch wohl die natürlichere Annahme?

Im sechsten Knoten war das erste Problem natürlich ein

bloßes Wortspiel; ich glaubte, das vertreten zu können in einer Aufgabenreihe, die mehr zur Unterhaltung als zur Belehrung dienen soll; es ist jedoch nicht der abschätzigen Kritik zweier Briefschreiber entgangen, die offenbar glauben, Apollo habe die Pflicht, seinen Bogen immer straff gespannt zu haben. Keiner von ihnen hat's erraten: Und das ist wahres menschliches Wesen. Gerade vor ein paar Tagen – am 31. September, um genau zu sein – habe ich meinen alten Freund Brown getroffen, und gab ihm ein Rätsel auf, das ich gerade eben gehört hatte. Mit großer Anstrengung seines Riesenhirns erriet es Brown. »Richtig«, sagte ich »ah«, sagte er, »das ist sehr hübsch – sehr hübsch. Und es ist nicht die Antwort, auf die jeder kommen würde. Wirklich sehr hübsch.« Ein paar Meter weiter stieß ich auf Smith, und ihm setzte ich das gleiche Rätsel vor. Er bedachte es für eine Minute stirnrunzelnd, und dann gab er es auf. Ich brachte leise die Antwort heraus. »Kümmerlich, mein Herr«, brummelte Smith, und wandte sich zum Gehen. »Sehr kümmerlich! Ich muß mich wundern, daß Sie sich mit solchem Schmarren abgeben wollen!« Und doch ist das Hirn von Smith wenn möglich noch riesenhafter als das von Brown.

Das zweite Problem des sechsten Knotens ist ein Beispiel der gewöhnlichen *Zweimal-Dreier-Regel,* deren wesentliche Aussage ist, daß das Ergebnis von der Variation mehrerer Parameter abhängt, die in solcher Weise mit ihm verknüpft sind, daß sofern alle außer einem konstant sind, das Ergebnis von dieser letzteren Variante abhängt: Wenn also keine einzige konstant ist, so geht das Ergebnis mit dem Produkt der Variablen. So ist der Kubik-Inhalt eines rechteckigen Tanks seiner Länge proportional, wenn Breite und Tiefe konstant bleiben, und so weiter; also ist er, wenn keine der Variablen konstant ist, vom Produkt von Länge, Tiefe und Breite proportional. Wenn das Ergebnis nicht in dieser Weise mit den veränderlichen Parametern verknüpft ist, so ist es nicht mehr ein Fall für die *Zweimal-Dreier-Regel* und wird oftmals recht komplex.

Um dies zu veranschaulichen, nehmen wir einmal zwei Wettbewerber um einen Preis, A und B, die in Französisch, Deutsch und Italienisch miteinander konkurrieren sollen.

a) Es soll festgelegt sein, daß das Ergebnis von ihren *relativen* Kenntnissen in jeder Sprache abhängen soll, so daß das Resultat, ob ihre Noten in Französisch nun 1, 2 oder 100, 200 sind, das gleiche ist; ferner wollen wir festlegen, daß, wenn sie in zwei Arbeiten die gleichen Noten bekommen, die Schlußnoten das selbe Verhältnis haben müssen wie die dritte Arbeit. Dies ist ein Fall für die normale *Zwei-mal-Drei-Regel*. Wir multiplizieren die drei Noten von A miteinander und machen für B dasselbe. Merke, daß, wenn A eine einzige »0« erhält, seine Endnote »0« ist, auch wenn er für zwei Arbeiten die besten Noten (2) bekommt, während B etwa nur Note »1« für jede Arbeit bekommt. Das wäre natürlich für A sehr unfair, obgleich unter den gegebenen Bedingungen eine korrekte Lösung.

b) Das Ergebnis soll wie vorher von den *relativen* Kenntnissen abhängen; aber Französisch soll gegenüber

Deutsch und Italienisch doppeltes Gewicht haben. Das ist eine ungewöhnliche Form eines Problems. Ich wäre geneigt zu sagen, »das Schlußergebnis müsse dem Verhältnis im Französischen näher sein, als wenn wir wie in a) multiplizierten, und zwar um so viel näher, daß wir die anderen Faktoren *zweimal* anwenden müßten, um das gleiche Resultat wie in a) zu erhalten«, z. B. wenn das Verhältnis in Französisch $9/10$ wäre, und bei den anderen $4/9$ und $1/9$, so daß das End-Verhältnis, nach Methode A, $2/45$ wäre, so müßte ich hier mit $2/3$ und $1/3$ multiplizieren um das Resultat $1/5$ zu erhalten, das näher an $9/10$ ist, als wenn man Methode a) genommen hätte.

c) Das Ergebnis soll abhängen von den *gegenwärtigen* Kenntnissen in allen Sprachen zusammen. Hierbei müssen wir zwei Fragen stellen. 1) Was wäre die »Einheit« (d. h. der Maß-Standard) für jede Sprache? 2) Sollen diese Einheiten von gleichem oder ungleichem Wert sein? Die übliche »Einheit« ist die Kenntnis, die dadurch bewiesen wird, daß die Fragen der ganzen Arbeit korrekt beantwortet werden; wenn wir dafür den Wert »100« ansetzen, so werden die niedrigen Werte durch Zahlen zwischen »0« und »100« wiedergegeben. Wenn diese Einheiten nun von gleichem Wert sein sollen, so brauchen wir nur die drei Noten von A addieren; für B tun wir das gleiche.

d) Die Bedingungen sind die gleichen wie bei c), aber Französisch soll doppelt zählen. Hierzu verdoppeln wir einfach die Französisch-Noten und addieren wie zuvor.

e) Französisch soll so gewichtet werden, daß das End-Verhältnis, wenn alle anderen Noten gleich sind, das-

selbe sein soll wie in der Französisch-Arbeit, so daß eine
»0« hierin den Kandidaten erledigen würde; die anderen
beiden Fächer sollen jedoch das Ergebnis nur gemeinsam
beeinflussen können; Maßstab wären die Wissensmengen, die nachgewiesen wurden, wobei diese von gleicher
Bewertung wären. Hierbei sollte ich die A's in Deutsch
und Italienisch addieren, und die Summe mit der Note in
Französisch multiplizieren.

Ich brauche aber nicht so weiterzumachen: Das Problem
kann offensichtlich mit vielen verschiedenen Bedingungen versehen werden, und jedesmal erfordert es seine
eigene Lösungsmethode. Das Problem in Knoten Sechs
sollte zu der Gruppe a) gehören, und um dies klar zu
machen, habe ich den folgenden Satz eingeschoben:

»Gewöhnlich unterscheiden sich die Konkurrenten nur
in einem Punkt. So haben Fifi und Gogo im letzten Jahr
in einer Versuchswoche die selbe Anzahl von Shawls
hergestellt, und diese waren auch gleich im Gewicht;
aber Fifis waren doppelt so warm wie die von Gogo, so
daß sie als doppelt so gut gewertet wurden.«

Ich hoffe, was ich geschrieben habe, wird als Antwort an
BALBUS genügen, der glaubt, daß a) und c) die einzigen
möglichen Varianten des Problems sind; auch glaubt er
fälschlich, der Satz »Wir können es nicht durch Addition
lösen, also müssen wir es durch Multiplikation tun«, sei
»nicht unlogischer, als wenn man aus der Tatsache, daß
man nicht in der Nacht geboren wurde, ableitet, daß man
am Tag geboren sein muß«. Dies müßte auch für FIFEE
gelten, die schreibt »Ich glaube, eine kleine weitere Überlegung wird zeigen, daß unser »Fehler, die Verhältnis-

zahlen für jeden Kandidaten zu *addieren,* statt sie zu *multiplizieren,* überhaupt kein Fehler ist.« Nun, sogar wenn die Addition die richtige Methode gewesen wäre, so hat doch keiner der Einsender (nach meiner Erinnerung) bewiesen, daß er sich der Notwendigkeit bewußt war, daß für jede Qualität eine »Einheit« festgelegt werden müsse. »Überhaupt kein Fehler!« Sie steckten ja bis über die Ohren in Fehlern!

Ein Einsender (ich nenne seinen Namen nicht, denn sein Brief war im Ton nicht besonders freundlich) schreibt uns: »In allem Respekt möchte ich hinzufügen, daß es meiner Meinung nach taktvoller wäre, wenn Sie sich der sehr scharfen Ausdrücke enthalten würden, die Sie gewöhnlich bei der Kritik von Einsendungen benutzen. Daß eine solche Tonart für betroffene Personen, die Fehler gemacht haben, nicht sehr angenehm sein muß, mag für Sie weniger wichtig sein; doch hoffe ich, Sie hätten das Gefühl, Sie sollten sie lieber nicht verwenden, *es sei denn, Sie sind sich sehr sicher, recht zu haben.*« Die einzigen Beispiele, die der Einsender für die »scharfen« Ausdrücke anführt, sind »unglücklich« und »Übeltäter«. Ich möchte ihm sehr gerne versichern (auch anderen, die diese Zusicherung brauchen – ich hoffe aber doch, daß es niemanden sonst betrifft), daß alle diese Worte im Scherz benutzt wurden, daß ich nicht irgendjemanden damit verärgern wollte, und daß ich jegliche Verärgerung, die ich so unwillentlich bereitet haben könnte, ehrlich bedaure. Ich kann nur hoffen, daß Sie in Zukunft den Unterschied erkennen werden zwischen strengen Worten, die in nüchternem Ernst benutzt wurden, und »Worten, bitter ohne Willen«, auf die Coleridge in jenen wundervollen Versen angespielt hat, die mit der Zeile anfangen: »Ein kleines Kind, ein zarter Geist«. Wenn der Einsender diese Passage nachliest, oder auch das Vorwort von »Feuer, Hunger und Schlächterei«, so wird er den Unterschied, den ich meine, viel besser umrissen finden, als ich es mit eigenen Worten könnte.

Die Vorhaltung des Briefschreibers, daß ich mich nicht darum kümmere, wieviel Ärgernis ich bei meinen Leser verursache, übergehe ich wohl am besten mit Schweigen; aber seine Schlußbemerkung muß ich vollständig von mir weisen. Worte zu benutzen, die irgendjemanden unter meinen Einsendern verärgern könnten, ist nach meiner Meinung nicht im geringsten durch den Anspruch gerechtfertigt, »daß ich sehr sicher sei, recht zu haben«. Ich bin sicher, daß die Knoten-Aufdrösler und ich nicht so zueinander stehen!

G. B. möchte danken für das angebotene Rätsel, das jedoch dem alten »mache eine Hundert aus vier Neunen« zu ähnlich ist.

ANTWORTEN AUF DEN ACHTEN KNOTEN

§ 1. Die Ferkel.
Problem: Bringe 24 Ferkel in 4 Koben unter, und zwar so, daß du, wenn du die Runde machst, die Anzahl in jedem Koben jeweils näher an der Zehn findest, als im Koben davor.

Antwort: Bringe 8 Ferkel in den ersten Koben, 10 in den zweiten, in den dritten keines, und 6 in den Vierten: 10 ist näher an Zehn als 8; nichts ist näher an Zehn als zehn; und 6 ist näher an Zehn als nichts.

Dieses Problem wurde nur von zwei Einsendern erkannt. BALBUS sagt: »Es kann sicher nicht mathematisch gelöst werden, aber ich sehe auch nicht, wie man es durch irgendein Wortspiel lösen kann.« NOLENS VOLENS läßt IHRE DURCHSTRAHLT beim Herumgehen die Richtung wechseln; und auch dann muß sie noch hinzufügen, die Ferkel müssen vor ihr hergetragen werden!

§ 2 Die Grurmstipthe.

Problem: Alle 15 Minuten fahren Omnibusse von einem gewissen Punkt in beiden Richtungen ab. Ein Reisender, der zu gleicher Zeit mit einem der Busse zu Fuß startet, begegnet nach $12^{1}/_{2}$ Minuten einem Bus. Wann wird er von einem überholt?

Antwort: In $6^{1}/_{4}$ Minuten

Lösung: »a« soll die Entfernung sein, die ein Bus in 15 Minuten zurücklegt, und »x« die Entfernung vom Startpunkt bis dahin, wo der Reisende überholt wird. Da der Omnibus am Startpunkt in $2^{1}/_{2}$ Minuten eintreffen soll, fährt er in dieser Zeit so weit, wie der Reisende in $12^{1}/_{2}$ Minuten geht, d. h. er fährt 5 mal so schnell. Der überholende Omnibus ist also »a« hinter dem Reisenden, wenn er abfährt, und fährt deshalb a + x, während der Reisende »x« geht. Daher ist a + x = 5x; d. h 4x = a und x = $^{a}/_{4}$. Diese Entfernung würde von einem Omnibus in $^{15}/_{4}$ Minuten zurückgelegt, und daher von dem

Reisenden in 5 × $^{15}/_4$. Er wird also 18$^3/_4$ Minuten nach dem Losgehen überholt, d. h. 6$^1/_4$ Minuten nachdem er dem Omnibus begegnet ist.

Es sind vier Antworten eingegangen, von denen zwei falsch sind. DINAH MITE stellt richtig fest, daß der überholende Bus den Punkt, wo sie dem anderen Omnibus begegnet sind, fünf Minuten nachdem sie losgegangen sind, erreicht, aber sie schließt fälschlich, daß er sie, da er fünfmal so schnell fährt, nach einer weiteren Minute überholen muß. Die Reisenden wandern eine Fünf-Minuten-Gehstrecke vor dem Omnibus, und sie müssen $^1/_4$ dieser Strecke weitergehen, bevor der Omnibus sie überholt, und das ist dann $^1/_5$ der Entfernung, die der Omnibus in derselben Zeit zurücklegt; dafür sind weitere 1$^1/_4$ Minuten erforderlich. NOLENS VOLENS versucht es mit einem Verfahren wie »Achilles und die Schildkröte« Er stellt ganz richtig fest, daß die Reisenden, wenn der überholende Omnibus vom Tor abfährt, $^1/_5$ »a« vor ihm sind, und daß er drei Minuten braucht, um diese Entfernung zu durchqueren; »während dieser Zeit«, so schreibt er uns, gehen die Reisenden $^1/_{15}$ »a« (es müßte $^1/_{25}$ sein). Da die Reisenden nun $^1/_{15}$ »a« davor sind, schließt er, daß die Strecke, die die Reisenden noch hinter sich bringen müsen, $^1/_{60}$ von »a« ist, während der Bus $^1/_{12}$ zurücklegt. Das *Prinzip* ist richtig, aber es hätte schon vorher angewandt werden können.

Notenliste

I

BALBUS · DELTA

ANTWORTEN AUF DEN NEUNTEN KNOTEN

§ 1. Die Eimer.
Problem: Lardner erklärt, daß ein fester Körper, wenn er in eine Flüssigkeit eintaucht, eine seinem Volumen entsprechende Menge davon verdrängt. Wie ist das möglich, wenn ein kleinerer Eimer in einem größeren schwimmt?
Lösung: Lardner meint mit »verdrängt«: es nimmt den Platz ein, der ohne jede Veränderung der Umgebung durch Wasser eingenommen sein würde. »Wenn der Teil des schwimmenden Eimers, der über dem Wasser ist, entfernt, und der Rest in Wasser verwandelt werden könnte, so würde das umgebende Wasser seine Lage nicht verändern: Und das stimmt mit Lardners Feststellung überein.

Es sind fünf Antworten eingegangen, und keine von ihnen erklärt die Schwierigkeit, die durch die wohlbekannte Tatsache entsteht, daß ein schwimmender Körper dasselbe Gewicht hat, wie die verdrängte Flüssigkeit. HECLA sagt, daß »nur der Teil des kleineren Eimers, der sich unterhalb des ursprünglichen Wasserspiegels erstreckt, eigentlich als eingetaucht bezeichnet werden kann; nur die dementsprechende Menge Wasser wird verdrängt«. Demnach würde – nach HECLA – ein Festkörper, dessen Gewicht dem einer gleichen Menge von Wasser gleich wäre, nicht schwimmen, bevor nicht alles unter dem »ursprünglichen Wasserspiegel« ist; er würde jedoch, in Wirklichkeit, schwimmen, sobald alles unter

Wasser wäre. MAGPIE schreibt, der Fehler liege »in der Annahme, daß ein Körper einen anderen von einem Ort verdrängen kann, wo er selbst nicht ist«, und daß Lardners Feststellung unrichtig sei, außer im Fall, daß das äußere Gefäß »ursprünglich voll bis zum Rand war«. Aber das Schwimm-Problem hängt von der gegenwärtigen Sachlage ab, nicht von der Vorgeschichte. OLD KING COLE bezieht denselben Standpunkt wie HECLA. TYMPANUM und VINDEX nehmen an, »verdrängt« bedeute »über die ursprüngliche Höhe angehoben« und erklären lediglich, wie es zustandekommt, daß das so angehobene Wasser eine geringere Masse hat, als der eingetauchte Teil des Eimers, und damit landen sie – oder vielmehr schwimmen sie – in dem selben Boot wie HECLA.

Ich bedaure, daß für dieses Problem keine Notenliste gedruckt werden kann.

§ 2. BALBUS' ESSAY!

Problem: Balbus erklärt, daß, falls ein bestimmter Festkörper in ein gewisses Gefäß voll Wasser eingetaucht wird, das Wasser um eine Reihe von Einheiten ansteigen wird, zwei Zoll, einen Zoll, einen halben Zoll etc., d. h. eine endlose Reihe. Er schließt daraus, daß das Wasser endlos ansteigen wird. Stimmt das?

Lösung: Nein. Die Reihe kann vier Zoll niemals erreichen, denn, gleichgültig wieviele Glieder der Reihe wir nehmen, so werden uns an den vier Zoll immer eine Menge fehlen, die dem letzten zugefügten Glied entspricht.

Es sind drei Antworten eingegangen; nur zwei davon erscheinen mir einer Benotung wert.

TYMPANUM schreibt, daß die Aussage über den Stab »nur eine Täuschung ist, und die alte Antwort darauf anzuwenden wäre: *solvitur ambulando,* oder vielmehr *mergando*«. Ich hoffe, daß TYMPANUM das nicht mit seiner eigenen Person ausprobieren wird, indem er die Stelle des Mannes in BALBUS' Essay einnimmt! Er würde unweigerlich ertrinken.

OLD KING COLE weist mit Recht darauf hin, daß die Reihe 2, 1 etc. eine abnehmende Geometrische Reihe ist; und VINDEX erkennt den Trugschluß ganz richtig als den von »Achilles und der Schildkröte«.

Notenliste
OLD KING COLE · VINDEX

§ 3 Der Garten.
Problem: Ein ovaler Garten, der einen halben Yard länger ist als breit, besteht gänzlich aus einem Kiesweg, der zu einer Spirale angeordnet ist; der Weg ist 1 Yard breit und 3,630 Yards lang. Gesucht sind die Ausmaße des Gartens.
Antwort: 60, 60$^{1}/_{2}$.
Lösung: Die Zahl der Yards und der Bruchteile von Yards, die zurückgelegt werden, wenn man ein gerades Stück Weg entlanggeht, ist offensichtlich gleich der Zahl der Yards* und deren Bruchteile, die in diesem Stück

---

* 1 Yard = 91,44 cm

Weg enthalten sind; und die Entfernung, die man zurücklegt, wenn man an einer Ecke durch ein Quadrat-Yard zurücklegt, ist offensichtlich ein Yard. Daher ist die Fläche des Gartens 3,600 Quadrat-Yard; d. h. wenn x die Breite ist, so ist x (x + $^1/_2$) = 3,630. Wenn man diese quadratische Gleichung löst, erhält man x = 60. Die Ausmaße sind also 60 und $60^1/_2$.

Es sind zwölf Antworten eingegangen – sieben richtige und fünf falsche.

C. G. L. NABOB, OLD CROW, und TYMPANUM nehmen an, die Zahl der Yards, die der Weg lang ist, sei gleich der Zahl der Quadrat-Yards im Garten. Das ist richtig, hätte jedoch bewiesen werden müssen. Aber sie alle sind noch schwärzerer Untaten schuldig. C. G. L.s »Ausarbeitung« besteht darin, daß sie 3,630 durch 60 teilt. Von wannen kam dieser Teiler, oh Segiel? Eingebung? Oder war es ein Traum? Ich fürchte, die Lösung ist nichts wert. OLD CROW ist kürzer, und daher (falls möglich) noch weniger wert. Er schreibt, die Antwort sei, wie man sofort einsähe, 60 × $60^1/_2$.! NABOB's Rechnung ist kurz, jedoch an Fehlern »so reich wie ein NABOB«. Er sagt, die Quadratwurzel von 3,630, multipliziert mit 2, sei gleich Länge plus Breite. Das ist 60.25 × 2 = $120^1/_2$. Seine erste Feststellung stimmt nur für einen *quadratischen* Garten. Seine zweite ist irrelevant, denn 60.25 ist nicht die Wurzel von 3,630! Nein, Bob, das genügt *nicht!* TYMPANUM sagt, wenn wir die Wurzel aus 3,630 ziehen, so erhalten wir 60 yards mit einem Rest von 30/60, oder einem halben Yard, den wir addieren, um damit das Oval

$60 \times 60^{1}/_{2}$ zu erhalten. Dieses ist sehr schrecklich. Aber es kommt noch schlimmer. TYMPANUM fährt nun fort: »Aber, warum sollte da überhaupt noch ein halbes Yard verbleiben? Weil ohne es überhaupt kein Platz für die Blumen übrigbliebe! Mit seiner Hilfe wird für uns genau in der Mitte ein kleines Stück Erde vorbehalten, das zwei Yards lang und einen halben Yard breit ist – der einzige Platz, der nicht vom Weg eingenommen wird.« Aber BALBUS hat doch ausdrücklich gesagt, daß der »Weg die ganze Fläche einnimmt«! Oh TYMPANUM/ Mein Hirn ist tymp, mein Herz voll dunkler Anum! – Ich kann nichts weiter sagen!

HECLA läßt sich immer wieder auf diese verhängnisvollste aller Rechen-Gewohnheiten ein: Zwei Fehler zu machen, die einander aufheben. Sie nimmt x als die Breite des Gartens an, in Yards, und $x + {}^{1}/_{2}$ als seine Länge, und errechnet ihre erste Schleife aus der Summe $x - {}^{1}/_{2}$, $x - {}^{1}/_{2}$, $x - 1$, d. h. $4x - 3$; das vierte Glied müßte aber $x - 1{}^{1}/_{2}$ sein, so daß ihre erste Schleife ${}^{1}/_{2}$ Yard zu lang ist. Ihre zweite Schleife ist die Summe von $x - 2{}^{1}/_{2}$, $x - 2{}^{1}/_{2}$, $x - 3$, $x - 3$: hier hätte das erste Glied $x - 2$, und das letzte $x - 3{}^{1}/_{2}$ sein müssen. Diese beiden Fehler heben einander auf, und diese Schleife ist deshalb richtig. Dasselbe gilt für alle anderen Schleifen außer der letzten, der zum Erreichen des Wegesendes noch ein halber Yard fehlt: Und das gleicht genau den Fehler der ersten Schleife aus. Damit wird die Endsumme der Schleifen richtig, obgleich die Ausarbeitung ganz falsch ist.

Von den sieben Richtigen gehen DINAH MITE, JANET, MAGPIE und TAFFY von derselben Annahme aus wie C. G. L. Co.

Dann lösen sie es durch eine Quadratische Gleichung. MAGPIE versucht es auch durch eine arithmetische Reihe, aber sie bemerkt nicht, daß die erste und die letzte Schleife aus der Reihe fallen.

ALUMNUS ETONAE versucht das, was C. G. L. annimmt anhand eines speziellen Falles zu beweisen, indem er einen Garten von 6 mal 5$^{1}/_{2}$ annimmt. Er hätte es allgemein beweisen sollen: Was für eine Zahl richtig ist, ist nicht immer für alle Zahlen wahr. OLD KING COLE löst es durch eine arithmetische Reihe. Das ist zwar richtig, aber zu umständlich, um gleich viel wert zu sein wie eine quadratische Gleichung.

VINDEX führt einen sehr sauberen Beweis, indem er darstellt, daß ein Yard des Weges, der auf der Mittellinie gemessen wird, einem Quadrat-Yard des Gartens entspricht, »ob wir nun die geraden Wegstrecken betrachten oder die Quadrat-Yards an den Ecken, in denen die Mittellinie einen halben Yard in der einen Richtung führt, und dann einen rechten Winkel beschreibt und einen halben Yard in der anderen Richtung führt«.

Notenliste

I
VINDEX
II
ALUMNIS ETPNAE · OLD KING COLE
III
DINAH MITE · JANET · MAGPIE · TAFFY

ANTWORTEN AUF DEN ZEHNTEN KNOTEN

§ 1 Die Invaliden von Chelsea.
Problem: Wenn 70% ein Auge verloren haben, 75% ein Ohr, 80% einen Arm, 85% ein Bein – wieviel Prozent müssen es dann wenigstens sein, die alle vier verloren haben?
Antwort: Zehn.

Lösung: (Ich übernehme die von POLARSTERN, die besser ist als meine eigene). – Wenn wir alle Wunden zusammenzählen, erhalten wir 70 + 75 + 80 + 85 = 310; sie entfallen auf 100 Männer (»Prozent«); somit kommen auf jeden 3, und auf 10 entfallen 4. Der kleinste Prozentsatz ist also 10.

Neunzehn Antworten sind eingegangen. Eine lautet »5«, da aber keine Ausführung angegeben ist, muß es, nach unseren Regeln, »eine Tat ohne Namen« bleiben. JANET gibt »35 und $^7/_{10}$«. Es tut mir leid, daß sie die Frage falsch verstanden und vermutet hat, daß diejenigen, die ein Ohr verloren haben, 70% *derjenigen seien, die ein Auge verloren haben* – und so fort. Nach dieser Annahme müßten natürlich alle Prozentwerte miteinander multipliziert werden. Sie hat das auch richtig gemacht, aber ich kann sie nicht benoten, denn ich glaube nicht, daß sich ihre Auslegung aus der Frage ergibt. FÜNF DUTZEND UND ZEHN bekommt »19 und $^3/_8$ heraus«. Ihre Lösung hat mir – ich will nicht sagen »viele unruhige Tage und schlaflose Nächte« bereitet, denn ich will bei der Wahrheit bleiben, aber doch etwas Mühe gemacht, irgendwie damit klar zu kommen. Die Zahl »der Invaliden, die einmal verwundet sind«, gibt sie mit 310 an (ich nehme an: »Prozent«); indem sie das durch 4 teilt, erhält sie $77\frac{1}{2}$ als »Durchschnittsprozentsatz«; dann dividiert sie nochmal durch 4 und erhält $19\frac{3}{8}$ als den »Prozentsatz der vierfach Verwundeten«. Glaubt sie denn, Wunden der verschiedenen Arten könnten einander sozusagen »aufsaugen«? Dann entsprechen die angegebenen Zahlen zweifellos 77 Invaliden, die jeder eine Verletzung haben, und einem Halbinvaliden mit einer halben Wunde. Nimmt sie nun an, daß diese konzentrierten Wunden *übertragbar* sind, so daß $\frac{3}{4}$ dieser Unglücklichen, indem sie ihre Wunden dem übrigen Viertel überlassen, vollkommene Gesundheit wiedererlangen könnten? Wenn wir diese Voraussetzungen zugestehen, dann ist ihre Antwort richtig; oder vielmehr, *wenn* die Frage so gelautet hätte: »Eine Straße ist mit einem Zoll Kies bedeckt, und zwar auf einer Strecke von $77\frac{1}{2}\%$ des Gesamtweges. Wieviel davon könnte man 4 Zoll dick mit diesem Material bedecken?« – dann wäre ihre Antwort richtig gewesen, Aber leider – das war nicht die Frage! DELTA macht einige überaus erstaunliche Annahmen: »Es soll jeder, der kein Auge verloren hat, ein Ohr verloren haben«, und »es soll jeder, der nicht sowohl Augen und Ohren verloren hat, einen Arm verloren haben.« Sie hat wirklich böse Vorstellungen von einem Schlachtfeld. Man stelle sich einen Krieger vor, der weiterkämpft, nachdem er beide Augen, beide Ohren und beide Arme eingebüßt hat! Dies ist

ein Fall, den sie (oder »es«?) offenbar für möglich hält.
Als nächstes kommen nun acht Einsender, die die ungerechtfertigte Annahme machen, daß – *weil* 70 Prozent ein Auge verloren haben, 30 Prozent *deshalb keines* verloren hätten, so daß sie *beide* Augen hätten. Das ist unlogisch. Wenn du mir einen Sack mit 100 Münzen gibst, und ich komme eine Stunde später zu dir (wobei meine Miene nicht annähernd so dankbar und freudig strahlt wie beim Empfang) und sage: »Ich bedaure sagen zu müssen, daß 70 dieser Münzen Fälschungen sind« – garantiere ich nun damit, daß die anderen 30 echt sind? Vielleicht habe ich sie nur noch nicht geprüft? Die Seiten dieses Achtecks der Unlogik heißen in alphabetischer Reihenfolge: ALGERNON BRAY, DINAH MITE, G. S. C., JANE E., J. D. W., ELSTER (die die köstliche Bemerkung macht »daher müssen 90% zweierlei von etwas haben«, so daß man sich an jenen glücklichen Monarchen erinnert, von dem Xerxes derart eingenommen war, daß er ihm »Zehn von jederlei« schenkte), S. S. G., und TOKIO.

KURSBUCH DER ZUKUNFT und T. R. erledigen die Frage in kleinen Portionen, nach dem Prinzip, daß die 70% und die 75%, obgleich sie am anderen Ende der Hundert anfangen, sich zu *mindestens* 45% überlappen müssen – und so fort. Das ist ein durchaus richtiges Verfahren, doch nach meiner Meinung nicht eben das beste.

Die anderen fünf Teilnehmer werden sich – auch ohne daß ich für jeden eine Triumph-Ode verfasse – hoffentlich ausreichend gerühmt fühlen, wenn sie in der ersten Notengruppe stehen.

Notenliste
I
ALTE KATZE · ALTES HUHN · POLARSTERN · SUSIE EINFACH · WEISSER ZUCKER
II
KURSBUCH DER ZUKUNFT · T. R.
III
ALGERNON BRAY · DINA MITE · G. S. C. · JANE E. · J. D. W. · ELSTER · S. S. G. · TOKIO

§ 2 Tageswechsel.
Ich muß das geographische Problem auf unbestimmte Zeit hinausschieben, teils, weil ich das von mir erwartete Zahlenmaterial noch nicht erhalten habe, teils, weil ich hier selbst so völlig ratlos bin; wenn der Examinator selber so jämmerlich zwischen Note 2 und 3 hängt, wie kann er dann über die Benotung der anderen entscheiden?*

§ 3 Das Alter der Söhne
Problem: »Erstens: Zwei sind zusammen so alt wie der dritte. Nach einigen Jahren sind zwei von ihnen doppelt so alt wie der dritte.
Wenn die Anzahl der Jahre, die seit dem ersten Mal verstrichen ist, zwei Drittel von der Summe der Lebensalter zum letzten Zeitpunkt ist, so hat einer das Alter von 21. Wie alt sind die anderen beiden?
Antwort: »15 und 18«.

* Das Problem fand seine Lösung durch die Einführung der Datumsgrenze im Jahr 1884. D. Ü.

Lösung: Zuerst sollen die Lebensalter x, y und (x + y) sein. Wenn nun a + b = 2c, dann ist (a - n) + (b - n) = 2 (c - n) für jeden Wert von n. Diese zweite Beziehung muß, wenn sie *einmal* wahr ist, immer wahr sein. Sie traf also auch zu, als die Familienversammlung zum ersten Mal stattfand. Es kann aber nicht wahr sein, daß x und y zusammen das Doppelte von (x + y) sind. Zutreffen muß es also für (x + y), sowie für x *oder* y; welches von beiden wir nehmen, macht nichts aus. Also nehmen wir an (x + y) + x = 2y; d. h. y = 2x. Demnach waren die drei Lebensalter bei der ersten Gelegenheit x, 2x und 3x; und die Anzahl der Jahre seit dieser Zeit muß zwei Drittel von 6x sein, also 4x. Die derzeitigen Lebensalter sind also 5x, 6x und 7x. Die Alterszahlen müssen offensichtlich ganze Zahlen sein, denn die Rede ist nur vom »Jahr, in dem einer meiner Söhne volljährig wird«. Also ist 7x = 21, x = 3, und die anderen beiden Lebensalter sind 15 und 18.

Es sind 18 Antworten eingegangen. Einer der Einsender stellt nur fest, daß die erste Gelegenheit 12 Jahre zurückliegt, und daß sie damals 9, 6 und 3 Jahre alt waren; ferner, daß sie beim zweiten Mal 14, 11 und 8 waren. Wäre ich ein römischer Vater, so müßte ich den Namen dieses voreiligen Einsenders zurückhalten; aber aus Achtung vor dem Alter breche ich die Regel: Sein Name ist FÜNF DUTZEND UND ZEHN. Auch JANE E. versichert, daß die Alterszahlen zu Beginn 9, 6 und 3 waren. Danach rechnet sie das derzeitige Lebensalter aus, wobei sie das zweite Familientreffen unbeachtet läßt. ALTES HUHN treibt es beinah ebenso schlimm. Sie »probierte verschiedene Zahlen, bis ich eine fand, die allen Forderungen genügte«; oh ehrwürdiger Vogel: Nur die Erde aufzuscharren und drin rumzupicken, das ist keine Methode, um ein Problem zu lösen! Dicht hinter dem ALTEN HUHN schleicht mit hungrigen Augen ALTE KATZE, die erst einmal ganz ruhig annimmt, der Sohn, der großjährig wird, sei der *älteste*. Friß den Vogel, mein Kätzchen, denn von mir kriegst du nichts!

Ich muß noch zwei weitere Nullen abfertigen. MINERVA nimmt an, es sei bei *jeder* der genannten Gelegenheiten ein Sohn großjährig geworden, und es sei immer nur *ein* Sohn, dem das Händchen vergoldet würde. Ist das eine kluge Auffassung der Forderung: »Und jetzt rechnet eure Lebensalter aus, und Ihr werdet das Geld bekommen!« KURSBUCH DER ZUKUNFT schreibt: Zuerst »sollen« sie 9, 6 und 3 Jahre alt sein; dann macht er die Annahme, daß die zweite Versammlung 6 Jahre später stattfände, und mittels dieser grundlosen Annahmen fördert er die richtigen Antworten zutage. Sei ein Führer für *spätere* Reisende, wie es dir beliebt: Für dieses Zeitalter taugst du dazu nicht!

Von denen, die die Ehrenpreise gewinnen, sind zwei nicht mehr als »ehrenwert«. DINA MITE ermittelt zuerst ganz richtig die Relationen zwischen den Lebensaltern, dann jedoch *nimmt* sie an, eines davon sei »6«; damit wird alles weitere an dieser Lösung willkürlich. M. F. C betreibt die Algebra ganz richtig bis hin zu der Folgerung, daß die derzeitigen Alterszahlen 5z, 6z und 7z seinen; dann aber nimmt »es« einfach $7z = 21$ an, ohne Gründe anzugeben.

Von denen, die wirklich ihrer »Ehre wert« sind, versucht sich DELTA mit etwas Neuem, indem sie durch schrittweises Ausschließen herausbekommt, welcher Sohn mündig wird. »Es« nimmt der Reihe nach an, daß es der Mittlere, dann der Jüngste sei, und in jedem Fall kommt etwas offensichtlich Absurdes heraus. Da jedoch der Beweis das folgende Stückchen Algebra enthält: »$63 = 7x + 4y$; $21 = x + 4$ Siebtel von y«, wird es mir sicher zugestehen, daß sein Beweis nicht *ganz* folgerichtig ist. Der Rest der Arbeit ist gut. ELSTER verrät die bedauerliche Neigung ihrer Spezies, jede zufällig herumliegende Schlußfolgerung an sich zu nehmen, ohne ein streng logisches Recht dazu zu haben. Sie nimmt A, B, C als die Lebensalter bei der ersten Versammlung an, dann D als die Zahl der Jahre, die seitdem vergangen sind, und ermittelt daraus (richtig) die 3 Gleichungen $2A = B$, $C = B + A$, $D = 2B$. Dann schreibt sie: »Wenn wir annehmen, daß $A = 1$ sei, dann wird $B = 2$, $C = 3$ und $D = 4$. Also werden für A, B, C und D 4 Zahlen gesucht, die sich zueinander wie $1 : 2 : 3 : 4$ verhalten. In diesem »Also« entdecke ich die Skrupellosigkeit dieses Vogels. Der Schluß ist richtig – aber nur, weil die Gleichungen »homogen« sind (d. h. weil sie in jedem Term eine Unbekannte haben) – eine Tatsache, von der ich stark annehme, daß sie von ihr nicht erfaßt – Verzeihung: umkrallt worden ist. Hätte ich die folgende kleine Falle aufgestellt: »$A + 1 = B$, $B + 1 = C$; angenommen $A = 1$, dann $B = 2$ und $C = 3$. *Also* müssen A, B und C drei

Zahlen sein, die sich zueinander wie 1 : 2 : 3 verhalten; wärest du nicht, O ELSTER, so sanft und lieblich wie eine Taube hineingeflattert? SUSIE EINFACH kommt mir alles andere als einfach vor. Nachdem sie zuerst herausfindet, daß sich die drei Lebensalter wie 3 : 2 : 1 verhalten, schreibt sie: »da nun zwei Drittel ihrer Summe, wenn sie zu einem von ihnen addiert wird, 21 ergibt, kann die Summe nicht größer als 30 sein; also kann das höchste Alter nicht mehr als 15 betragen.« Ich vermute, daß der Schluß *in ihrem Kopf* etwa so aussieht: »Zwei Drittel der Summe + ein Lebensalter ergeben zusammen 21; die Summe und die 3 Hälften eines Alters machen zusammen 31 und $^1/_2$. 3 Halbe eines Alters können aber nicht weniger als eineinhalb sein (ich stelle hier fest, daß SUSIE EINFACH unter keinen Umständen einem neugeborenen Baby eine Guinee* schenken würde), also kann die Summe 30 nicht übersteigen.« Das ist sehr geistvoll, aber ihre Beweisführung, die sich daraus ergibt, ist (wie sie offen zugibt) »umständlich und langwierig«. Erst ermittelt sie, daß es 5 mögliche Gruppen von Alterszahlen gibt und schließt dann 4 davon aus. Jetzt nimm einmal an, statt 5 wären es 5 Millionen mögliche Gruppen gewesen? Hätte SUSAN EINFACH dann noch mutig das nötige Faß Tinte und den Ries Papier angeschafft?.

Die Lösung, die von C. R. eingeschickt wurde, beruht, wie die von SUSIE EINFACH, auf Annahmen, und kann also auch nur »umständlich« richtig sein.

---

* Damals war eine Guinee = 21 shilling, also 1 shilling mehr als ein Pfund Sterling.

Unter denen, die die besten Noten verdient haben, löst ALGERNON BRAY das Problem durchaus richtig, fügt dann aber hinzu, daß es keinen Grund gäbe, die Annahme auszuschließen, daß die Lebensalter auch gebrochene Zahlen sein könnten. Damit würde die Zahl der Lösungen unendlich groß werden. Dazu möchte ich ganz sanftmütig einwenden, daß ich meine Leser niemals dazu bringen wollte, den Rest ihres Lebens mit dem Niederschreiben von Lösungen zu verbringen! E. M. RIX weist darauf hin, daß, falls gebrochene Alterszahlen zulässig wären, jeder der Söhne mündig geworden sein könnte; sie verwirft diese Annahme jedoch mit der Begründung, daß das Problem dadurch uneindeutig würde. WEISSER ZUCKER hat als einziger etwas entdeckt, was ich übersehen hatte: Ich hatte die Möglichkeit vergessen (die natürlich zulässig sein müßte), daß der Sohn, der in diesem Jahr mündig wurde, es vielleicht nicht gerade *an diesem Tag* wurde, so daß er vielleicht erst 20 war. Daraus ergibt sich eine zweite Lösung, nämlich 20, 24, 28. Gut gesagt, o reiner Kristall! Wahrhaftig, deine »sanfte Rede war wohl dem Zucker gleich«!

Notenliste
I
ALGERNON BRAY · EIN ALTER KAUZ · E. M. RIX · G.S.C · S. S. G. · TOKIO · T. R. · WEISSER ZUCKER
II
C. R. · DELTA · ELSTER · SUSIE EINFACH
III
DINA MITE · M. F. C.

Ich habe zum Problem der Invaliden von Chelsea mehr als einen Einwand erhalten im Bezug auf meine Feststellung, es sei unlogisch, aufgrund der Aussage »70% haben ein Auge verloren« anzunehmen, daß 30% keines verloren haben. ALGERNON BRAY entwirft einen Analogfall: »Nehmen wir an, Tommys Vater gibt Tommy 4 Äpfel, und dieser ißt einen von ihnen auf – wieviel hat er übrig?« Darauf schreibt er »Ich glaube, wir können berechtigterweise antworten: 3«. Das glaube ich auch. Es gibt hier kein »muß«; offensichtlich sind die Vorgaben so ausgesucht, daß dadurch die genaue Lösung festgelegt ist. Wenn man mir aber die Frage vorlegte: »Wieviele *muß* er übrig haben?«, dann hätte ich die Angaben so verstanden, daß sein Vater ihm *mindestens* 4 Äpfel gab – vielleicht aber auch mehr.

Ich ergreife die Gelegenheit, um allen zu danken, die mit ihren Antworten zum zehnten Knoten auch ihr Bedauern geäußert haben, daß nun keine weiteren Knoten in Aussicht stehen; oder auch gebeten haben, ich sollte meinen diesbezüglichen Entschluß noch einmal widerrufen. Ich bin für ihre freundlichen Worte sehr dankbar. Aber ich glaube, es ist am besten, etwas abzuschließen, was allenfalls ein schwächlicher Versuch sein konnte. Ein »Gedehnter Ton aus einem alten Sang« ist jenseits meiner Sphäre. Meine Spiel-Püppchen waren weder ein deutlicher Teil meines Lebens (wie die, die ich jetzt anspreche), noch (wie Alice und die falsche Suppenschildkröte) so ganz von ihm getrennt. Wenn ich aber nun die Feder niederlege, so möchte ich mir wenigstens vorstellen, daß ich, liebe Leser(in), ein Abschiedslächeln deines nie gesehenen Gesichtes und einen freundlichen Abschiedsdruck deiner niegefühlten Hand in mein stilles Leben mitnehme. Nun gute Nacht! So süß ist Trennungswehe: Ich rief wohl gute Nacht, bis ich den Morgen sähe!

NACHWORT

LEWIS CARROLLS VIKTORIANISCHER DENKSPORT

Lewis Carrolls erstes Kinderbuch »Alice's Adventures in Wonderland«, das 1865 erschien, war von Anfang an ein großer Erfolg. Zu seinen aufmerksamen Lesern gehörte auch Queen Viktoria, die sich nach dem frühen Tod des Prinzgemahls Albert (1861) von der Politik fernhielt und sich ihren fünf Kindern widmete. Carrolls »Alice« gefiel ihr so gut, daß sie den Autor um die Zueignung seines nächsten Werkes ersucht haben soll – damals eine umsatzsteigernde Ehre. Dieses nächste Buch jedoch war für diesen Zweck durchaus ungeeignet, es war die mathematische Studie »An Elementary Treatise on Determinants«, verfaßt von einem Charles Lutwidge Dodgson: Der poetische Autor Lewis Carroll war in seinem »bürgerlichen Leben« Dozent für Mathematik am Christ College der Universität Oxford. Diese Tätigkeit ergab die materielle Basis für Alices luftige Phantasiewelt.

Charles Dodgson übte seine Lehrtätigkeit von 1855 bis 1881 aus. Als Mathematiker war er eher konservativ, Euklid blieb für ihn der letzte Stand der Geometrie. Manche einfachen mathematisch-geometrischen Probleme, wie die Datumsgrenze oder das Infinitesimal-Paradox von Achilles und der Schildkröte, blieben für ihn, trotz ihrer Lösbarkeit, bis an sein Lebensende staunenswert. Er war auch kein glanzvoller Pädagoge, das tägliche Einerlei der College-Mathematik war ihm eine Last; er gab die Lehrtätigkeit im Alter von 49 Jahren auf, als der Erfolg seines alter ego Lewis Carroll ihm das ermöglichte.

Von nun an konnte er sich ganz der Schriftstellerei und den Aspekten der Mathematik widmen, die ihn vor allem interessierten: den logischen Paradoxen, Rätseln und Denkspielen, und konnte seine beiden Fähigkeiten auf einzigartige Weise verbinden. Der Mathematiker, besser: der mathematische Logiker Dodgson hatte seinen Anteil schon in den beiden Alice-Büchern, »Alice's Adventures in Wonderland« und »Through the Looking Glass« gehabt – sie sind geradezu als »primer(s) of logic«, Elementarlehrbücher der Logik, bezeichnet worden. Nach Beendigung seiner Lehrtätigkeit hat Carroll/Dodgson dann neben weiteren Kinderbüchern (»The Nursery Alice«) und märchenhaften Erzählungen (»Silvie and Bruno«) eine große Zahl von Rätseln, Sprachspielen (z. B. die beliebten Acrosticons und Syzygies), Gesellschaftsspielen und Denksportaufgaben erdacht; diese Art von Erfindungen machten ihn zu einem begehrten Beiträger unterhaltsamer Familienmagazine.

Die Beliebtheit von Denksportaufgaben und logisch verzwickten Zahlenspielen in der zweiten Hälfte des 19. Jh. ist ein Reflex des technischen Fortschritts im bürgerlichen Familienleben. Der Takt der Dampfmaschinen, der Rhythmus des binären Morse-Codes, die matrixartigen Fabrik-Grundrisse und Produktions-Schemata erzeugten ihre Spiegelungen im häuslichen Ablauf. Mit dem Reichtum kam die Gouvernante, die rigideren Erziehungsprinzipien und die sonntägliche Langeweile in die überheizten Kinderzimmer. Vereinzelung dort und hier: Das Gewerkel vieler Hände in den Handwerksstuben wich dem isolierten (auch durch Lärm isolierten) Arbeitsplatz des Spezialisten; statt des allgemeinen Familiengetümmels in der biedermeierlichen Wohnstube die nach Geschlechtern getrennten Kinderzimmer. Die Maschinen-Mechanik drang in die Mußestunden, Börsen- und Produktionsziffern in die Tagträume; an die Stelle wortreicher Gesellschaftsspiele trat stilles Grübeln über mathematischen Rätseln.

Aber England herrschte nicht nur über Maschinen und Fabriken, sondern auch über das größte Kolonialreich der Welt. Es vergrößerte sich noch immer, ein anschwellender Luftballon, zusammengehalten von einer hauchdünnen Oberschicht von Kolonialbeamten und Soldaten, und vom Mythos weißer Unbesiegbarkeit. Wo es brodelte, wurden Exempel statuiert. Aber die Alpträume häuften sich, immer mehr Härte – nach innen und außen. Hält man sich die Kette kolonialer Brutalitäten in der zweiten Jahrhunderthälfte vor Augen, (1857-8 Indischer Aufstand, 1824, 1852, 1886 Burmakriege, 1878 Annexion Afghanistans, 1885 Khartum, 1889 Rhodesien u. s. f.), so erscheint uns der viktorianische Moral-Kodex der gleichen Zeit wie masochistische Selbstbestrafung.

Als der General Napier im Jahre 1843 durch die Einnahme des Fürstentums Sindh die indische Zacke des

Weltreichs komplettiert hatte, lautete seine lakonische Siegesmeldung: »Peccavi«. Aus dem Lateinischen rückübersetzt ergibt dies eines der im Englischen, durch seine Sprachstruktur, so leicht verfügbaren »Puns«, Wortspiele; »I have sinned« ist phonetisch zugleich »I have Sindh« – »ich habe Sindh erobert« und »ich habe gesündigt«. »Erobert« und »gesündigt« – ein vielsagender Doppelsinn. Seit Freud (dem wir dieses Musterbeispiel verdanken) wissen wir, durch welche Hintertüren das aus dem Bewußtsein Verdrängte zurückkehrt. Eine von ihnen heißt »Wortspiel«. In diesem Fall zeigt es an, daß dieses Volk nicht nur Helden, sondern auch Neurotiker ausbrütete. Maschinenzeitalter und Kolonialismus produzierten den bürgerlichen Reichtum; der erlaubte neben anderem zivilisatorischen Luxus auch gesteigerte Empfindsamkeit; aber das sensitive Individuum bekam auch seine Verdrängungen zu spüren.

Lewis Carroll personifiziert in seiner Doppelexistenz als Dichter/Mathematiker, und den dahinter verdeckten privaten Problemen, die britische Neurose in großer Anschaulichkeit. Er war ein kontaktarmer Stotterer, er verbarg seine sexuellen Schwierigkeiten im Einsiedlerleben, er reagierte auf die drakonische Oxforder Hausordnung mit Überanpassung, mit grotesker Pedanterie. Umso stärker wurde der Innendruck. Ausbruchsritzen klafften, Zugänge in Alices Wunderland, in sein privates Fürstentum, in dem die Logik der Gewalt und der Brutalität sich als machtlos erweist: Die cholerische Herzogin macht sich in der Küche lächerlich, das stereotype »Kopf-ab« der Herzkönigin wird von niemandem mehr ernst genommen. Es reagiert vielmehr die Logik der Paradoxe; die Expansion *dieses* Reiches führt in tiefere Bewußtseinsschichten: »Hinab ins Kaninchenloch«, in die Wärme der vorpubertären Kindheit. Nicht zuletzt wurden die Phantasie-Ergüsse Lewis Carrolls Hauptmittel zur Kontaktanbahnung mit seinen kleinen Freundinnen; die Märchenonkel-Beziehung war sein einzig mögliches Verhältnis zum anderen Geschlecht.

Es war gewiß ein Triumpf für Carroll, daß die Phantasieliteratur, die er zunächst fast absichtslos oder zur Druckentlastung produziert hatte, ihm schließlich die Befreiung vom Joch der Oxforder Dozententätigkeit möglich machte. Man bemerkt seine gewachsene Selbstsicherheit, wenn er seine mathematischen Kenntnisse nun nicht mehr, wie in den Alice-Büchern, versteckt, sondern unmittelbar thematisch mit poetischen Texten verbinden kann. Eine erste Serie seiner Denksportaufgaben wurde ab April 1880 in der Londoner Zeitschrift »The Monthly Packet« abgedruckt. Sie bestand aus zehn Folgen, von ihm »Knoten« genannt, wobei jeweils eine oder mehrere mathematisch-logische Aufgaben in eine kleine Geschichte eingekleidet wurden. Das ganze Knäuel dieser vielfältig ineinandergeschachtelten Übungen erschien 1885 in Buchform unter dem Titel »A Tangled Tale« – »Geschichten mit Knoten«, zusammen mit den eingeschickten Lösungen der Leser, und Carrolls ausführlichen Kommentaren dazu. Diese Ausgabe liegt der vorstehenden Übersetzung zugrunde.

In ihrer Skurrilität und vertrakten Komik sind die »Knotengeschichten« ganz vom Geist der Alice-Bücher. Aber anders als in diesen liegen die Handlungsorte der »Knoten« in der realen Umwelt der damaligen Zeitgenossen. Gegrübelt, gerechnet und logisch analysiert wird in der Londoner Schnellbahn, in der Gemäldegalerie, bei der Suche nach möblierten Zimmern, am Badestrand, im Familienrat eines Londoner Patriarchen. Selbst die Inselwelt zwischen den unaussprechlichen Orten Mhruxi und Kjovjni, und das juwelenstrotzende Fürstentum »Ihrer Duchstrahlt«, vor deren despotischer Willkür sich nur ein guter Mathematiker (und Sprachakrobat!) retten kann, entspricht durchaus dem Bild fernöstlicher Gegenden in den Familienjournalen der Zeit, die mit vielerlei exotischen Kolportagestoffen angereichert waren. Dem britischen Normalbürger erschienen die ferneren Provinzen »seines« Weltreiches kaum weniger fabelhaft als dem Herodot die Länder der Nasomoner oder der Lotosesser.

Das fantastische Ich des Autors kann also in vielfältiger Verkleidung erscheinen: Als kauziger Kapitän, als Rechenfanatiker Balbus oder Macke Mattik, oder in Gestalt der beiden kugelrunden Zwillingsschwestern (aus der Familie von Twiddle-dee und Twiddle-dum). Zugleich stoßen wir ringsum auf Zwänge, auf viktorianisches Reglement; ringsum Verbote, Verbote. Ein kleines Mädchen soll Wasser trinken, nicht immer nur Limonade. Auf ein achtlos hingeworfenes »ich wette, daß . . .« zieht das kleine Mädchen eine saure Miene – die hochwürdige Direktorin erlaubt keine Wetten. Zu gerne hätte das

kleine Mädchen ein paar dieser knusprig braunen Chelsea-Wecken verspeist – aber nichts da: Sie sind gesundheitsschädlich. Die hochwürdige Direktorin hat auch durchaus etwas gegen »Puns«, gegen Wortspiele – gegen die Doppelbödigkeit überhaupt.
Das ist nur zu gut verständlich. Herrschaft und Moral vertragen nur den Blick auf die Fassade. Was könnte nicht alles ins Rutschen geraten, wenn die Nachtseite der Menschen und Wörter zutage käme! Es ist unzulässig, daß kleine Mädchen erwachsen werden, und vielleicht tun, was die Königin Viktoria seit langem entbehren mußte. Und ein General mit einem Sündengewissen wäre absolut unbrauchbar.
Auf dem Höhepunkt des viktorianischen Imperialismus sieht man, wie es ringsum abwärts geht. Sehr lange lassen sich weder Schuldgefühle noch Liebeswünsche unterdrücken; je rigider der Charakterpanzer, desto brüchiger. In der zehnten Knotengeschichte erscheinen die Invaliden, die Opfer der Weltmachtpolitik, bieten ihre Gliedstümpfe dar, und können nur mühsam, durch makabre Prozentrechnungen aus den Augen geschafft werden. Die Mathematik und der technische Rationalismus, die einmal als Waffen gegen selbstverschuldete Unmündigkeit gedacht waren, sind zu inhumanen Unterdrückungsmitteln verkehrt worden. Mathematik und Rationalismus als Dressurwerkzeug – vielleicht liegt hier die Ursache von Lewis Carrolls lebenslangen Fluchtversuchen.
Unverhüllt erscheinen am Ende der »Knoten«-Korrespondenz seine Liebeswünsche im Abschiedszitat aus

»Romeo und Julia«. Dieser traurige mathematische Don Juan hat zehn Liebesnächte mit seinen kleinen Leserinnen verbracht – wenigstens in der Phantasie; aber das ist besser als gar nicht.

Walter E. Richartz

Anthologien, Märchen, Sagen

Aladin und die Wunderlampe
Aus dem Arabischen von Enno Littmann. Mit Illustrationen einer französischen Ausgabe von 1865/66. it 199

Ali Baba und die vierzig Räuber
und die Geschichten von den nächtlichen Abenteuern des Kalifen aus 1001 Nacht. Aus dem Arabischen von Enno Littmann. Mit Illustrationen einer französischen Ausgabe von 1865/66. it 163

Hans Christian Andersen. Märchen
Mit Illustrationen von Vilhelm Pedersen und Lorenz Frølich. Aus dem Dänischen von Eva-Maria Bluhm. Drei Bände in Kassette. it 133
– Märchen meines Lebens. Eine Skizze.
Mit Porträts des Dichters. it 356

Clemens Brentano. Das Märchen von Fanferlieschen Schönerfüßchen
Mit acht Radierungen von Max Beckmann. it 341

Das Buch der Liebe
Gedichte und Lieder, ausgewählt von Elisabeth Borchers. it 82

Denkspiele
Polnische Aphorismen des zwanzigsten Jahrhunderts.
Herausgegeben und mit einem Nachwort von Antoni Marianowicz und Ryszard Marek Gronski. Mit Illustrationen von Klaus Ensikat
it 76

Deutsche Heldensagen.
Nacherzählt von Gretel und Wolfgang Hecht. it 345

Der Teufel ist tot
Deutsche Märchen vor und nach Grimm
Herausgegeben mit einem Nachwort und Anmerkungen von Ninon Hesse. it 427

Die Erzählungen aus den Tausendundein Nächten
Einleitung von Hugo von Hofmannsthal. Vollständige deutsche Ausgabe in zwölf Bänden. Nach dem arabischen Urtext der Calcuttaer Ausgabe aus dem Jahre 1839. Übertragen von Enno Littmann. Mit farbigen Miniaturen. In farbiger Schmuckkassette. it 224

Anthologien, Märchen, Sagen

Der Familienschatz
Mit Holzschnitten und Zeichnungen von Ludwig Richter. it 34

Gebete der Menschheit
Religiöse Zeugnisse aller Zeiten und Völker. Herausgegeben von Alfonso M. di Nola. Zusammenstellung und Einleitung der deutschen Ausgabe von Ernst Wilhelm Eschmann. it 238

Geschichten aus dem Mittelalter
Herausgegeben von Hermann Hesse. Aus dem Lateinischen übersetzt von Hermann Hesse und J. G. Th. Graesse. it 161

Geschichten der Liebe aus den 1001 Nächten
Aus dem arabischen Urtext übertragen von Enno Littmann. Mit acht farbigen Miniaturen. it 38

Gesta Romanorum. Das älteste Märchen- und Legendenbuch des christlichen Mittelalters
Herausgegeben und eingeleitet von Hermann Hesse. it 316

Jacob und Wilhelm Grimm. Deutsche Sagen
Zwei Bände. it 481

Kinder- und Hausmärchen, gesammelt durch die Brüder Grimm
Mit den Zeichnungen von Otto Ubbelohde und einem Vorwort von Ingeborg Weber-Kellermann. Drei Bände. it 112/113/114

Die großen Detektive
Detektivgeschichten mit Auguste Dupin, Sherlock Holmes und Pater Brown. Herausgegeben und mit einem Nachwort von Werner Berthel. Mit Illustrationen von George Hutchinson. it 101
Die großen Detektive II
Nick Carter, Nat Pinkerton, Sherlock Holmes, Percy Stuart. Herausgegeben von Werner Berthel. it 368

Wilhelm Hauff. Märchen
Zwei Bände. Herausgegeben von Bernhard Zeller. Mit Illustrationen von Theodor Weber, Theodor Hosemann und Ludwig Burger.
it 216/217

Anthologien, Märchen, Sagen

Hermann Hesse. Kindheit des Zauberers
Ein autobiographisches Märchen. Handgeschrieben, illustriert und mit einer Nachbemerkung versehen von Peter Weiss. it 67
– Piktors Verwandlungen
Ein Liebesmärchen, vom Autor handgeschrieben und illustriert, mit ausgewählten Gedichten. Nachwort von Volker Michels. it 122

Das kalte Herz. Erzählungen der Romantik
Herausgegeben und illustriert von Manfred Frank. it 330

Märchen der Romantik
Mit zeitgenössischen Illustrationen. Herausgegeben von Maria Dessauer. 2 Bände. it 285

Märchen deutscher Dichter
Ausgewählt von Elisabeth Borchers. it 13

Im magischen Spiegel
Märchen deutscher Dichter aus zwei Jahrhunderten. Erster Band. Herausgegeben von Paul-Wolfgang Wührl. it 347

Liebe Mutter
Eine Sammlung von Elisabeth Borchers. it 230

Lieber Vater
Eine Sammlung von Gottfried Honnefelder. it 231

Das Meisterbuch
Ein Lesebuch deutscher Prosa und Lyrik aus Klassik und Romantik
Herausgegeben von Hermann Hesse. it 310

Merkprosa. Ein Lesebuch
Herausgegeben von Werner Berthel. Mit Vexierbildern aus dem XIX. Jahrhundert. it 283

Johann Karl August Musäus. Rübezahl
Für die Jugend von Christian Morgenstern. Mit Illustrationen von Max Slevogt. it 73

Die Nibelungen
In der Wiedergabe von Franz Keim. Mit den berühmten farbigen Jugendstilillustrationen von Carl Otto Czeschka. Mit einem Vor- und Nachwort von Helmut Brackert. Im Anhang die Nacherzählung »Die Nibelungen« von Gretel und Wolfgang Hecht. it 14

Anthologien, Märchen, Sagen

Das Papageienbuch Tuti-Nameh
Eine Sammlung orientalischer Erzählungen, übersetzt von Georg Rosen. it 424

Johannes Praetorius. Hexen-, Zauber- und Spukgeschichten aus dem Blocksberg
Mit Holzschnitten aus dem 17. Jahrhundert. Herausgegeben von Wolfgang Möhring. it 402

Römische Sagen
Geschichten und Geschichte aus der Frühzeit Roms
Nacherzählt von W. Fietz. it 466

Sagen der Juden
Aus dem Hebräischen von Rahel bin Gorion. Auswahl und Nachbemerkung von Emanuel bin Gorion. it 420

Wolfgang Schadewaldt. Sternsagen
Mit Illustrationen aus dem 18. Jahrhundert. it 234

Gustav Schwab. Die Deutschen Volksbücher
Mit Illustrationen der Ausgabe von 1859. Drei Bände in Kassette. it 380
– Sagen des klassischen Altertums
Mit Zeichnungen von John Flaxman. Nachwort von Manfred Lemmer. Drei Bände in farbiger Kassette. it 127

Die Geschichte von Sindbad dem Seefahrer
sowie von der Messingstadt und von Abu Mohammed dem Faulpelz. Aus dem arabischen Urtext von Enno Littmann. Mit Illustrationen von Gustave Doré u. a. it 90

Vom Essen und Trinken
Zusammengestellt und herausgegeben von Karin Kiwus und Hennig Grunwald. Mit alten Illustrationen. it 293

Das Weihnachtsbuch
Mit alten und neuen Geschichten, Gedichten und Liedern. Ausgewählt von Elisabeth Borchers. Mit vielen Illustrationen. it 46

Das Weihnachtsbuch der Lieder
Mit alten und neuen Liedern zum Singen und Spielen. Ausgewählt von Gottfried Natalis. Mit einem Nachwort von Ernst Klusen. it 157